U0162590

国家出版基金项目
NATIONAL PUBLICATION FOUNDATION

"十三五"国家重点出版物出版规划项目

集成电路设计丛书

片上光互连技术

顾华玺 杨银堂 李 慧 著

科学出版社
龙门书局
北京

内 容 简 介

本书系统描述了片上光互连的背景、基本理论、研究现状、设计应用以及发展前景；侧重片上光互连的设计，为该领域发展提供一定的技术参考。全书共8章：第1章介绍片上光互连的背景、技术概念、基本理论；第2章阐述片上光路由器的基本原理和分类；第3章介绍新型片上光路由器的设计；第4章阐述片上光互连架构的研究现状；第5章介绍新型片上光互连架构的设计；第6章介绍新型交换机制的设计；第7章介绍热感知的设计方法；第8章为片上光互连的技术展望。

本书可用作高等学校电子信息类专业的教材或者教学参考书；也可供相关专业研究人员和工程技术人员参考。

图书在版编目（CIP）数据

片上光互连技术／顾华玺，杨银堂，李慧著.—北京：龙门书局，2020.1
（集成电路设计丛书）

"十三五"国家重点出版物出版规划项目 国家出版基金项目

ISBN 978-7-5088-5679-7

Ⅰ. ①片… Ⅱ. ①顾… ②杨… ③李… Ⅲ. ①互连结构 Ⅳ. ①TN405.97

中国版本图书馆 CIP 数据核字(2019)第 242555 号

责任编辑：任　静／责任校对：严　娜
责任印制：师艳茹／封面设计：蓝　正

科 学 出 版 社 出版
龙 门 书 局
北京东黄城根北街 16 号
邮政编码：100717
http://www.sciencep.com

三河市春园印刷有限公司 印刷
科学出版社发行　各地新华书店经销

＊

2020 年 1 月第 一 版　开本：720×1000　B5
2020 年 1 月第一次印刷　印张：13 1/4
字数：250 000

定价：129.00 元
（如有印装质量问题，我社负责调换）

序

集成电路无疑是近 60 年来世界高新技术的最典型代表，它的产生、进步和发展无疑高度凝聚了人类的智慧结晶。集成电路产业是信息技术产业的核心，是支撑经济社会发展和保障国家安全的战略性、基础性和先导性产业，也是我国的战略性必争产业。当前和今后一段时期，我国的集成电路产业面临重要的发展机遇期，也是技术攻坚期。总体上讲，集成电路包括设计、制造、封装测试、材料等四大产业集群，其中集成电路设计是集成电路产业知识密集的体现，也是直接面向市场的核心和制高点。

"关键核心技术是要不来、买不来、讨不来的"，这是习近平总书记在 2018 年全国两院院士大会上的重要论述，这一论述对我国的集成电路技术和产业尤为重要。正是由于集成电路是电子信息产业的基石和现代工业的粮食，对国家安全和工业安全具有决定性的作用，我们必须、也只能立足于自主创新。

为落实《国家集成电路产业发展推进纲要》，加快推进我国集成电路设计技术和产业发展，多位院士和专家学者共同策划了这套《集成电路设计丛书》。这套丛书针对集成电路设计领域的关键和核心技术，在总结近年来我国集成电路设计领域主要成果的基础上，重点论述该领域的基础理论和关键技术，给出集成电路设计领域进一步的发展趋势。

值得指出的是，这套丛书是我国中青年学者近年来学术成就和技术攻关成果的总结，体现集成电路设计技术和应用研究的结合，感谢他们为大家介绍总结国内外集成电路设计领域的最新进展，每本书内容丰富，信息量很大。丛书内容包含了先进的微处理器、系统芯片与可重构计算、半导体存储器、混合信号集成电路、射频集成电路、集成电路设计自动化、功率集成电路、毫米波及太赫兹集成电路、硅基光电片上网络等方面的研究工作和研究进展。通过对丛书的研读，能够进一步了解该领域的研究成果和经验，吸引和引导更多的年轻学者和科研工作者积极投入到集成电路设计这项既具有挑战又有吸引力的事业中来，为我国集成电路设计产业发展做出贡献。

感谢丛书撰写的各领域专家学者。愿这套丛书能成为广大读者，尤其是科研工作者、青年学者和研究生十分有用的参考书，使大家能够进一步明确发展方向和目标，为开展集成电路的创新研究和工程应用奠定重要基础。同时，这套丛书也能为我国集成电路设计领域的专家学者提供一个展示研究成果的交流平台，进一步促进和推动我国集成电路设计领域的教学、科研和产业的深入发展。

郝跃

2018 年 6 月 8 日

前　言

随着半导体工艺技术的不断发展，单个芯片上可集成的晶体管越来越多，当芯片主频增加到一定程度时，进一步提高主频将无法提升系统整体性能。相反，芯片功率随着主频的增加而增加，散热问题成为限制芯片发展的障碍。因此，众核技术成为处理器芯片性能继续发展的支撑与保障，众核处理器也逐渐成为单芯片上技术发展与性能提高的主流趋势。在结构上，众核处理器芯片在一个处理器中集成多个完整的内核，每个内核均为独立的逻辑处理器；在功能上，众核处理器芯片通过并行处理任务提高整体性能，缩短任务处理时间，提高工作效率，在较低主频下获得较高性能。

单个处理器芯片上集成的核数不断增加，采用传统总线结构进行核间互连的片上系统面临着通信效率、功耗、面积、扩展性等方面的挑战。如何实现核间的有效互连以及核间的高效通信成为众核处理器芯片设计面临的重要挑战。仅靠传统的基于电互连的技术无法继续提升性能，需要有创新的思路来解决该瓶颈。

片上光互连是将芯片上的处理器核用波导通过片上光路由器连接成特定拓扑结构，采用光信号实现片上通信。相比于传统的片上电互连方式，片上光互连具有更高的带宽密度、更低的通信时延及系统功耗等优势。随着硅基光电子器件的发展，激光源、调制器、波导、光电探测器等器件的性能持续提升，推动了片上光互连技术的产生和迅速发展。虽然硅基片上光互连技术对制程偏差和温度偏差比较敏感，但是将光子和电子结合进行片上光通信，充分发挥片上光互连的优势，有望满足众核处理器的设计需求，是一种可用于计算系统设计的非常有前景的技术。

本课题组在片上光互连技术领域已开展研究十余年，在本领域的国际知名期刊和会议上发表了一百余篇论文。本书是在多年研究和教学基础上完成的，系统描述了片上光互连技术的背景、基本理论、研究现状、设计应用以及发展前景；侧重片上光互连的设计，为该领域发展提供一定的技术参考。全书共 8 章。第 1 章讲述片上光互连的背景、技术概念、基本理论；第 2 章阐述片上光路由器的基本原理和分类；第 3 章介绍新型片上光路由器的设计；第 4 章阐述片上光互连架构的研究现状；第 5 章介绍新型片上光互连架构的设计；第 6 章介绍新型交换机制的设计；第 7 章介绍热感知的设计方法；第 8 章探讨片上光互连的未来研究方向。

本书的编写得到了科学出版社的大力支持，并得到了如下项目的资助：国家自然科学基金重点项目"三维光电混合片上网络关键技术研究"（编号：61634004），国家自然科学基金面上项目"光片上网络关键问题的研究"（编号：61472300）。同时感谢王琨、朱樟明、余晓杉、魏雯婷等老师以及储柱琴、张博文、刁兴龙、朱李晶、黄蕾、王玥、张景尧、谭伟、赵佳睿、陈峥和王康等博士、硕士生在本书编写过程中给予的各种帮助。

　　由于作者的水平有限，书中难免有不足之处，欢迎读者批评指正。

作　者

2019 年 6 月于陕西西安

目 录

第1章 片上光互连概述

本章对硅基片上光互连技术的产生、发展及研究现状进行概述；在此基础上，对光电子器件分别进行介绍与总结；在对片上光互连的架构、基本构成单元等进行介绍之后，将对片上光互连中的通信机制以及可靠性问题进行详细的阐述。

1.1 众核处理器互连的技术挑战

计算系统的进步主要由微处理器性能和半导体技术的飞速发展所主导，半导体工艺和集成电路制造工业在过去的几十年内得到了飞速的发展，改进的制造工艺和扩大的芯片尺寸不断印证着摩尔定律，即单个芯片的晶体管数目大约每两年翻倍一次[1]。随着电路设计技术和处理器微架构的进一步发展，时钟频率快速增加，基于 CMOS 工艺的微处理器具备了极高的性能。

研究人员发现，当处理器的时钟频率增加至 4GHz 时，运行速度将达到极限，仅通过提升时钟频率已经无法获得处理器整体性能的显著提升。单个微处理器性能连续加速的趋势经历了重大的范式转移，众核处理器应运而生。众核处理器通过增加处理器核的数量以提升性能，在较低的时钟频率下运行多个处理器核来优化功耗/性能比，例如，中国科学院计算技术研究所提出的国内首款高性能众核处理器 SmarCo-1(Godson-T)。众核处理器的性能与如何有效利用系统的并行性和总体计算能力直接关联；计算资源之间的有效信息交换对资源利用率具有很大影响。因此，高效的片上通信对众核处理器的系统性能具有重要作用。随着单一芯片上处理器核数目的不断增长，传统基于总线的片上互连面临通信效率、功耗、面积、扩展性等方面的挑战。

片上网络(network-on-chip，NoC)的出现为解决上述挑战提供了新的思路。片上网络把网络设计的思想移植到芯片设计中，将 IP 核(intellectual property)通过网络进行高效互连，实现了计算资源和通信资源的分离。如图 1.1 所示为片上网络互连结构示意图，片上路由器构成 Mesh 拓扑的网络，IP 核通过该网络进行互连。相比于传统基于总线的互连结构，片上网络具有通信性能高、重用性好、扩展性高、并行能力强等一系列优点，是片上设计中代替传统总线互连结构的理想方案之一，成为未来众核处理器互连架构的首选方案。

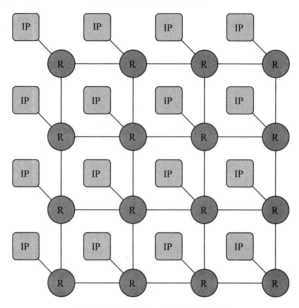

R 代表片上路由器，IP 核代表计算节点

图 1.1　片上网络互连结构示意图

　　基于片上网络的众核处理器具有高计算密度、高能效比等优势，有望成为未来高性能计算领域核心器件的主要技术路线，在国防、科研、工业、经济等诸多领域得到应用。在面向高性能计算的芯片架构设计过程中，需要考虑并平衡多方面因素，例如，性能、功耗、面积、可靠性等，学术界、工业界都在这方面做了很多的尝试。例如，美国的 MIT 提出的采用片上网络进行互连的 RAW 众核处理器，基于传统的 Mesh 拓扑构建，是一个软件可以控制的计算、通信众核系统。

　　工业界的芯片制造商在该领域也开展了研究，相继推出了多款基于片上网络的众核处理器芯片。例如，Intel 公司自 2007 年以来相继推出了 80 核处理器原型 Teraflop Research Chip、48 核芯片 Single-chip Cloud Computer(SCC)、60 核的众核处理器 Xeon Phi 5110P、72 核的 Xeon Phi 7290 等，可以更好地满足在云计算、高性能计算下的服务器处理速度要求。其中，Xeon Phi 7290 具有 72 个核心，两个核心组成一个 Tile，36 个 Tile 通过二维 Mesh 拓扑进行互连，如图 1.2(a)所示，Xeon Phi 系列可以很好地满足高性能计算中所需要的高度并行工作负载要求。Tilera 公司自 2008 年以来相继推出了 TILE64、TILEPro 以及 TILE-Gx 系列多核处理器。其中，Tilera 公司于 2013 发布的 72 核处理器 Tile-Gx72，如图 1.2(b)所示，芯片上 72 个 Tiles 通过 iMesh 拓扑互连，iMesh 拓扑中包括 5 个独立的 Mesh，目标为网络和高性能计算市场。

随着越来越多的应用对计算能力的要求不断提升，电路集成度越来越高，众核处理器系统的性能和尺寸持续扩展，现有片上电互连在适应通信需求的同时满足系统封装的功耗限制将越来越困难[2,3]。有研究表明，众核处理器中的电互连网络能耗开销所占比例已经超过 50%[4]。片上电互连的设计很难继续在时延、功耗和可靠性等因素之间取得平衡，引入新的解决方案势在必行。

硅基片上光互连技术具有解决片上电互连网络相关问题的潜力，有望进一步提升众核处理器系统的性能。该技术将光通信引入计算系统，以硅为基础，可以集成其他材料以提高性能，如氮化硅、III-V 化合物半导体、IV 族元素等。硅基片上光互连技术在传输速度、通信带宽、能耗效率等方面具有优势，是解决芯片级光通信的最具有前景的方案。除了芯片级的应用，该技术有望用于板级、机架级等层面的互连与通信。

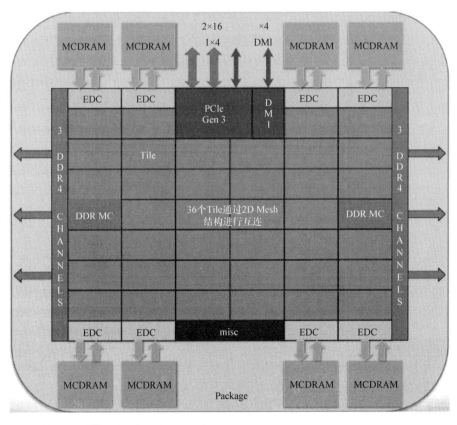

(a) Xeon Phi 7290架构[5]

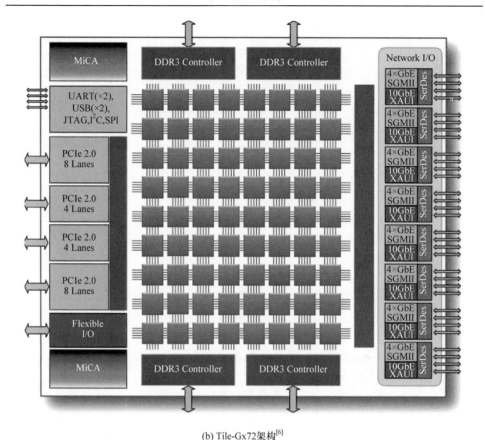

(b) Tile-Gx72架构[6]

图 1.2 商用众核处理器架构

1.2 硅基片上光互连技术

1.2.1 概述

1984 年，斯坦福大学的 Goodman 提出将光互连技术用于超大规模集成电路系统中代替传统的电互连方式[7]。随着硅基光电子器件的不断发展，CMOS 兼容的硅基片上光互连技术逐渐成为可能[8]。相比于传统的电互连方式，硅基片上光互连技术主要的优势包括：①信息以接近光的速度在波导中传播，具有较高的传输速度和较低的通信时延；②可以使用不同维度的复用技术，例如，波分复用技术、时分复用技术、模分复用技术、空分复用技术，以提高通信带宽，同时提供不同维度的设计空间；③片上电互连中的信息通常需要进行存储转发，其传输能耗与信息的跳数成正相关，而光传输能耗几乎不受传输距离的影响[9,10]，可以满足片上传输距离较长的全局通信需求；④光信号没有电信号的电磁干扰等方面的问题。

　　片上光互连中的通信过程如图1.3所示。源节点产生并行的低速多路电信号，在光信号产生/发送模块中经过编码和串行化后，产生高速串行化电信号。该电信号经由驱动电路对电/光调制模块进行控制，将数据承载到激光源产生的不同波长光信号上，产生多路单波长光信号，完成光信号调制。多路单波长光信号经过波分复用，在片上光互连架构中传输，按照相应的通信机制经由合适的传输路径与交换方式，从源节点传输至正确的目的节点。在目的节点的光信号接收模块中，光信号经过波分解复用后，进入光/电检测器进行光信号解调，所接收到的光信号转换为电流信号。电流信号经过放大器进行放大并转换为电压信号。放大后的电信号经过并行化和解码后，转换为原始并行的低速多路电信号，最终进入目的节点进行处理。

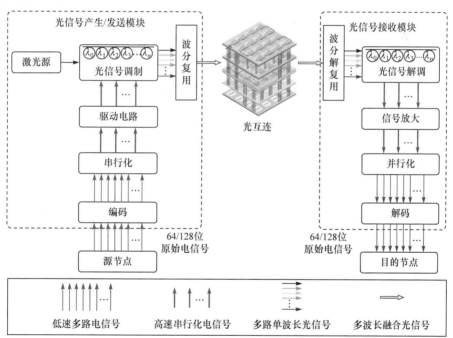

图 1.3　片上光互连通信示意图

　　随着三维集成技术的发展，例如，硅通孔(through silicon vias，TSV)和硅光通孔(through silicon photonic vias，TSPV)[11]等技术不断成熟，结合片上光互连技术和电互连技术各自的优点，三维光电混合片上互连架构成为可能[12,13]。通过使用垂直维度，三维光电混合片上互连架构能够有效地布局电层和光层(如图1.4所示)，减少芯片面积；同时，垂直互连的使用可以减少全局通信距离，从而减少通信的时延和功耗，以获得更好的通信性能。

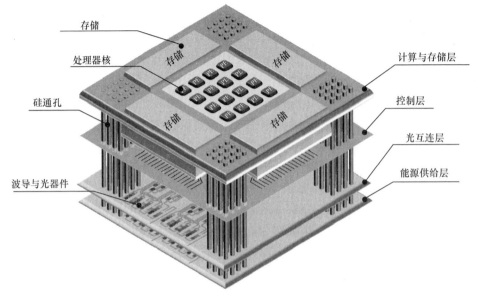

图 1.4   三维片上光互连架构示意图

在三维光电混合片上互连架构的设计方面，根据光互连的层数，可以分为基于单层光互连的三维互连架构和基于多层光互连的三维互连架构。基于单层光互连的三维互连架构由一层或者多层电互连与一层光互连组成，基于多层光互连的三维互连架构由一层或者多层电互连和多层光互连组成。Ahmed 等提出了一个新型三维混合架构 PHENIC[14]，包括一层电互连和一层光互连，电层用于控制数据的传输，光层用于高带宽的数据传输。Reinbrecht 等提出了基于分级交叉开关互连的三维架构[15]，该架构由多层电互连和一层光互连组成，每个电层通过 TSV 与光层直接连接。

随着网络规模进一步扩大、片上集成器件进一步增多，单层光互连中波导交叉过多、面积受限、容错能力差、应用映射及路由设计受限等问题日益凸显，促使基于多层光互连架构的产生。目前层间光互连器件还不够成熟，基于多层光互连的架构还比较少。Morris 等提出了一层电互连和多层光互连的三维架构[16]，该架构的光层内没有波导交叉；不同层之间由多个微环谐振器连通，由此实现网络的可重配置。Pasricha 等提出了集成多层电互连和多层光互连的光电混合三维集成架构 OPAL[17]，该架构包含两个电层和三个光层，每个电层专用一个光层实现层内通信，每两个电层使用一个光层实现层间通信；电层与电层之间、电层与光层之间通过硅通孔连接。

基于硅基片上光互连技术的三维架构，需要负责不同层之间信号传输的层间互连器件，这也是多层光互连架构所需突破的重要瓶颈。研究人员已探索出了多种层间互连器件，包括垂直层间器件(例如光栅耦合器[18,19]、垂直锥形耦合器[20-22]、垂直三叉耦合器[23]、多模干涉耦合器[24,25]等)、层间微环耦合器[26,27]、硅通孔[28]、硅光通孔[29]、自由空间光互连[30]等。

1.2.2　研究现状

当前硅基光电子学方面取得了显著进步，现有技术已经可以实现对器件光学性能的控制。器件制造能力的提升以及与 CMOS 制造流程兼容性的提高，推动了片上光互连向实际应用迈进[31]。国际半导体技术蓝图预测，片上光互连是未来众核处理器系统全局互连的发展方向。学术界针对片上光互连的通信性能、功耗和可靠性等关键问题展开了深入的研究，但是受限于技术发展的程度，片上光器件的发展尚未达到成熟水平，包括片上光缓存和光逻辑运算单元等，因此，光电混合片上互连是在实现片上全光互连之前的可行途径。

2015 年，IBM 公司的 T.J.Watson 研究中心及麻省理工学院微电子实验室(MITCICS)设计并制造出一种光电混合微处理器原型芯片，结合光子和电子的优势在同一芯片中使用光和电两种方式进行信号传输[32]。这标志着芯片级光电系统的开始，对改变现有处理芯片体系架构和实现更强计算能力芯片系统具有重要意义。该片上光电互连系统是一款可以使用片上光器件与其他芯片通过光信号直接通信的微处理器，使用的光器件采用了商用 45nm 工艺制造。这一成果验证了光子技术可以集成在嵌入式微处理器中，在微处理器内部和存储器之间实现高带宽和低功耗的通信。如图 1.5 所示，该片上光电系统包括一个双核 RISC-V 指令集架构微处理器和一个独立的 1MB 静态随机存储器。片上光电调制器和解调器使得微处理器和存储器可以使用光信号直接与片外进行通信。微处理器和主存储器系统之间的光通信，通过芯片到芯片直连光链路实现。微处理器芯片可以使通过光信号与不同距离的任意一块同类芯片中的 1MB 存储器阵列进行通信。

缺乏合适光学特性的半导体材料来实现大批量 CMOS 中有源和无源光学器件功能是光集成到 CMOS 中面临的最大挑战。迄今为止，将光学功能集成到 CMOS 中研究工作及实现都局限于在硅绝缘体衬底上[32-35]。这种技术的开销对于许多应用(例如计算机内存)来说成本过高。由于晶体硅层太薄(少于 20nm)不能支持布放具有足够光学特性的光结构，因此现有的 28nm 晶体管节点——鳍场效应晶体管(FinFET)和薄膜全耗尽 SOI[36](TBFD-SOI)等先进的 CMOS 技术和光子的集成成为技术难题。为了应对这些挑战，2018 年，加利福尼亚大学伯克利分校的研究人员提出将光子引入 CMOS 芯片，以代替传统的硅衬底芯片设计技术[8]。研究人员开发了一种电光平台，使用优化的多晶硅薄膜，该薄膜可以沉积在 CMOS 中常用的氧化硅衬底上，将 300mm 直径晶圆与 65nm 晶体管硅 CMOS 工艺技术集成在一起，并在此平台上实现了高速光收发器的集成，工作速度为 10Gbps。研究人员将光收发器排列在一条用于波分复用的光总线上，采用多个光收发器集成以满足数据中心中对高带宽光互连和高性能计算的需求。

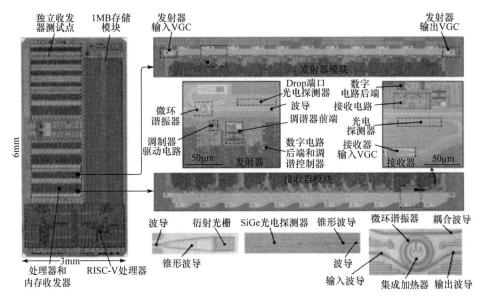

图 1.5　光电混合微处理器原型芯片架构[32]

1.3　硅基光电子器件的发展

当前用于片上光互连设计的激光源、调制器、波导、光电检测器和微环谐振器等器件都取得了突破性的进展。片上光互连由发送模块、传输介质和接收模块三部分组成。发送模块包含的光器件主要为激光源、调制器、波导和微环谐振器；传输介质包含的光器件主要为波导和微环谐振器；接收模块包含的光器件主要为光电检测器、波导和微环谐振器。激光源用来产生通信所需要的光波；调制器负责将源节点初始的电信号调制成相应光信号并耦合到波导上，完成电信号到光信号的转变；波导是光信号在片上的传输介质；光电探测器负责在目的端检测和接收光信号，完成光信号到初始电信号的转换；微环谐振器可以耦合相应波长的光信号，实现光信号在片上光互连中传输方向的转变和交换。

1.3.1　激光源

激光源是片上硅光互连技术的重要组成部分，负责产生片上光互连所需要的光波，其性能参数主要包括工作波长、泵浦条件、功耗、制造工艺、热稳定性等[37]。激光源按位置可以分为片外激光源(off-chip laser source)和片上激光源(on-chip laser source)。片外激光源具有较高的发光效率和良好的温度稳定性，不过与硅基互连芯片之间存在相对大的耦合损耗，封装成本较高。相比之下，片上激光源可以实现较高的集成密度、较小的尺寸、较高的能效[37]；硅材料的发射效率较低[38]限制了片上硅光互连技术的发展。为了能够充分利用现有的微电子技术与光通信技术，理想的激光源应满足以下要求[39]：①发射波长在 1310nm 或 1550nm 波段附近，以便直接连接光纤网络；②激光源基于电泵浦，尺寸小、集成密度高；③在数据传输中有较高的功效，以满足输出功率充足、比特能耗较低的需求；④采用基于硅的 CMOS 兼容的工艺，以便大规模量产。

片上激光源中比较有发展潜力的有：①通过键合技术基于 III-V 族材料的硅基激光器[40-43]，具有最佳性能并有很大的商用潜能；从长远来看，在硅上直接异质外延生长 III-V 族材料更有希望实现低成本、高产量的生产[37]；②硅基锗(Ge-on-Si)激光器[39,44-46]，相对于基于 III-V 族材料的硅基激光器，在材料和工艺上与硅基技术兼容，在未来的大规模单片集成中也具有一定的优势；锗材料可用于光信号的发射、调制和检测，降低了整体的工艺复杂性和成本[37]。

1.3.2　调制器

调制器用于实现电信号到光信号的转换。评价调制器性能的参数主要包括调制速度、调制带宽、调制深度等，用于片上硅光互连技术的调制器，一般要求有较高的调制速度、较大的带宽和较低的功耗。调制器有马赫-曾德尔型调制器、微环(microring)结构型调制器及光栅(grating)结构型调制器等。马赫-曾德尔型调制器是目前广泛使用的一种调制器，以调节相位的方式来控制强度[47]。该调制器一般由两个 3dB 耦合器和相移臂构成，前者用于对光分束和合束，后者用于对在相移臂波导中的光波进行相位调制。在马赫-曾德尔型调制器研究方面，2012 年，贝尔实验室制造出的马赫-曾德尔型的光电调制器[48]，调制速率可达 50Gbps，消光比为 4.7dB。2013 年，美国得克萨斯大学的研究人员提出了一种基于聚合物混合集成光器件的低功耗马赫-曾德尔型调制器[49]。

微环是由波导制成的半径在微米级的圆环形光器件，可以与电器件相结合实现光波的高速调制[50]。它结构简单，可以实现大规模的片上集成，制作工艺成熟。微环的谐振波长可通过加电压来进行改变，实现电信号向光信号的转换。基于微环的调制器[51]具备高速率(≥10Gbps)、低功耗(<100fJ/bit)、小尺寸(微米级)、与 CMOS 兼容性好等优点。微环尺寸小，对制造精度要求高，并且谐振波长易受温度和制作工艺的影响，需要调节机制以维持微环的稳定性。在基于微环的调制器

研究方面, 2016 年, 研究人员在标准 45nm CMOS 工艺下制造了 3dB 带宽为 13GHz 的微环调制器[52], 该器件在反向偏压条件下具有 17GHz 的线宽和 9pm/V 的平均波长偏移。在基于光栅的调制器研究方面, 2015 年, 研究人员在 SOI 平台上验证了基于布拉格光栅的调制器[53], 数据速率可达 32Gbps。

1.3.3　波导

　　波导是片上光互连中最基本的光器件, 负责光信号的传输。片上光互连中的波导多为脊形波导(rib waveguide)和条形波导(strip waveguide)。2007 年, 研究人员设计了基于绝缘硅材料的脊形波导[54], 该波导具有良好的单模传输特性。2009 年, 研究人员提出具有平滑侧壁的波导的制造方法, 即用选择性氧化技术代替传统的硅蚀刻技术[55], 该波导传播损耗较低(0.3dB/cm), 弯曲损耗较小(弯曲半径为 50μm 时, 弯曲损耗为 0.007dB)。

　　波导按形状可划分为直型波导(straight waveguide)、弯曲型波导(bending waveguide)和交叉型波导(crossing waveguide)(如图 1.6 所示)。直型波导的结构示意如图 1.6(a)所示。由于材料特性、制造工艺等原因, 光在传输过程中将出现一定损耗, 即传输损耗[56]。传输损耗主要分为两个方面: 吸收损耗和散射损耗。吸收损耗主要包含三部分: 由材料缺陷引起的损耗、带边吸收损耗和自由载流子吸收损耗[56]。通过使用特定的材料技术, 波导的吸收损耗可以降低至忽略不计, 传输损耗主要取决于散射损耗[57]。

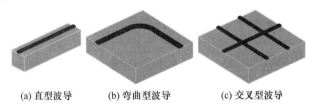

(a) 直型波导　　　　(b) 弯曲型波导　　　　(c) 交叉型波导

图 1.6　波导类型

　　弯曲型波导的结构示意如图 1.6(b)所示。波导的弯曲损耗分为两类: 宏弯损耗和微弯损耗[58]。宏弯损耗是指波导中传输的光信号在经过波导弯曲时, 由于不能在波导壁完全反射, 一部分能量沿弯曲切线辐射泄漏, 使得信号的总能量减少。波导弯曲的半径越小, 弯曲损耗越大, 当波导弯曲的半径大于 10cm 时, 波导的宏弯损耗通常可以忽略不计[59]。微弯损耗是由波导局部产生微小畸变或者波导制造过程中产生的随机缺陷引起。这种畸变也会使部分高阶导模不再满足全反射条件而成为辐射模, 从而产生损耗[60]。

　　交叉型波导由若干根波导交叉形成, 如图 1.6(c)所示。波导交叉处存在损耗和串扰, 其中损耗是指直线传输的光信号失去波导的限制发生衍射, 从而引起信号的损失,串扰是指直线传输的光信号受到来自另一方向的光信号的干扰[61]。损耗和串扰主要受到波导材料(内外折射率差)、波导尺寸、波导交叉角和信号自身频率这几方面因素的影响[62]。

波导材料的选择很重要,对带宽、时延和面积有很大影响。波导内部一般采用折射率较高的材料,外部采用折射率较低的材料。目前较常用的材料有硅(Si)、聚合物(polymer)和氮化硅(silicon nitride)。在三者之间作选择要考虑到传输速度和带宽的折中,因为这三种材料各有优势。硅基光波导具有结构简单、传输损耗低、易于集成和性能稳定等优点,并且硅材料易得、廉价、机械性能好且便于封装。聚合物由于折射率较小,有较高的传输速度,但是要求有较大的波导间距,一定程度上会减小带宽密度。氮化硅作为波导的制作材料[63],可以沉积在多层芯片上,有效避免在同一层平面上布局,进而避免波导交叉带来的损耗以及串扰问题,可以极大地提升信号的传输质量。损耗是衡量波导性能的重要参数,对整个互连架构的通信质量有很大的影响。波导损耗的测试方法主要有环形谐振腔调制测量法[64]、法布里-珀罗谐振腔技术[65,66]、截断法[67]、背反射耦合方法[68]、插入损耗测量技术[69]、散射测量法[70]、棱镜耦合法[71]等。硅基波导的损耗可低至 $1\sim2\text{dB/cm}$[72],聚合物波导的损耗为 1dB/cm[73],氮化硅波导的损耗可低至 0.05dB/cm[74]。

波导按模式可划分为单模波导和多模波导。单模波导一直是研究的重点,近几年随着片上互连对传输速率、信道数量等方面要求的提高,传统的波分复用已经无法满足通信的需求,模分复用(mode division multiplexing,MDM)作为一种新兴的技术越来越受到重视。在多模波导研究方面,2014 年,加拿大卡尔顿大学的研究人员进行了双模复用的研究[75],在宽为 980nm 的双模波导中使用 95μm 长的定向耦合器,可实现双模波导中每个模式 13.4%的耦合率。基于双模波导提出了不对称定向耦合器,可以实现片上多路复用且面积小、对波长的依赖性弱,在保持 3dB 耦合的情况下,锥形结构允许±50nm 的误差。

1.3.4　光电检测器

光电检测器负责在接收端将光信号转换为电信号。光电检测器的基本性能参数包括频率带宽[76]、响应度[77]、响应时间[77]、暗电流[78]、量子效率[77]、结电容[79]等。用于片上硅光互连技术的光电探测器,要求有较大的带宽、较高的效率以及较低的暗电流等[80]。硅材料在 1310nm 和 1550nm 波段具有透明性,适用于实现低损耗、无源的光器件,但不适合于制作光电检测器。对于制作高速、高效的光电检测器,需要集成 III/V 族材料或者锗材料,同时需要考虑 CMOS 兼容性、波导集成等因素。用于片上硅光互连技术的硅基光电检测器一般有两种:硅基锗光电检测器(germanium on silicon photodetector)和硅基 III/V 族混合光电检测器(hybrid III/V-silicon photodetector)[80]。其中,硅基锗光电检测器有较为成熟的制作技术，许多研究组已基于 CMOS 工艺验证了硅基锗光电检测器[81-83]；混合或基于铟镓砷(InGaAs)的光电检测器已有完整的组建库，但还难以进行批量生产[50]。

在硅基锗光电检测器研究方面，2010 年，IBM 设计了 CMOS 兼容、工作电压为 1.5V 的锗雪崩光电检测器(germanium avalanche photodetectors)，可以检测到 40Gbps 的光信号[84]。2013 年，研究人员提出了波导耦合的金属-半导体-金属(metal-semiconductor-metal，MSM)硅基锗光电检测器[85]，响应度为 1.76A/W，理论带宽接近 8.4GHz。在硅基 III/V 族混合光电检测器研究方面，2008 年，Intel 基于铟镓砷/硅材料设计了一种"增益-带宽积"为 340GHz、可接收速率为 40Gbps 光信号的硅基雪崩光电检测器[86]。

1.4　片上光互连架构

1.4.1　拓扑

片上光互连的拓扑定义了节点与链路的布局和互连方式，对系统的时延、吞吐、功耗、面积等方面的性能有至关重要的影响。用于评价拓扑的参数有很多，例如节点度、直径、平均距离、对分带宽、路径多样性、可扩展性、对称性、规则性等。拓扑的节点度决定了路由器设计的复杂度以及相应仲裁控制的难易程度，拓扑的直径反映了互连架构时延性能。

片上光互连的拓扑结构是用波导将片上光路由器按一定规则连接起来，不同数目的 IP 核连在片上光路由器上。波导作为连接 IP 核、片上光路由器的介质，可通过环路、弯曲、交叉等不同形状将多个 IP 核、多个片上光路由器进行连接。片上光互连拓扑的种类主要有总线/环形、网格形、树形、多级网络等。对于同一种类的拓扑结构，由于波导数量、布局以及连接结构的差异，片上光互连的拓扑存在很大的差别。国内外研究者针对不同规模和不同应用需求对片上光互连的拓扑进行了大量研究，通过在拓扑方面的设计与改进，对系统的时延、吞吐、功耗等性能进行了优化和提升，例如通过减少平均距离降低通信时延，通过提高对分带宽提高网络吞吐，通过子网划分、优化资源配置和三维互连等方式解决功耗问题，通过拓扑可重构等方式提高片上光互连的可靠性等。

1.4.2　片上光路由器

片上光路由器是片上光互连的核心器件，基本功能是实现本地节点与相邻节点的数据交换。片上光路由器的研究主要集中在基于电路交换[10,87]和基于波长路由[88,89]两种方式。

基于电路交换的片上光互连采用单波长光路由器，利用基本交换单元对谐振波长的选择性，通过控制基本交换单元的开关状态实现光信号的交换功能。基于波长路由的片上光互连采用多波长光路由器,在发送端选定波长后,该波长的光信号会根据波长分配规则到达特定输出端口,据此研究人员构建了一系列利用不同波长进行静态路由的片上光互连系统[90-96]。基于波长路由的片上光路由器需要大量不同波长的激光源,而且在发送端和接收端需要集成数目众多且波长精确可控的调制解调器。由于不需要对基本光交换单元的开关状态进行实时控制,与基于电路交换的片上光路由器相比,在功耗开销上具有一定优势。

哥伦比亚大学、根特大学、香港科技大学、麻省理工学院、康奈尔大学、西安电子科技大学、中国科学院半导体研究所等国内外知名高校以及 IBM、Intel、Sun Microsystems、IMEC 等著名公司和研究机构均在片上光路由器方向开展了相关研究,从最初的有阻塞到现在的严格无阻塞路由器,交换规模从 4 端口扩展到 $N×N$,验证方式从理论计算、软件仿真到流片测试,应用领域从普适网络到特定需求不断发展。从 4 端口路由器到 5 端口、7 端口最终实现 N 端口路由器。

不仅要考虑时延、带宽、功耗、面积、串扰等参数,还需要考虑控制电路的能耗和设计复杂度[97-102]。众核处理器的应用要求片上光路由器必须同时具备高通信带宽、低功耗和小尺寸的特点。信噪比(signal-to-noise ratio,SNR)和误码率(bit error ratio,BER)也是重要指标,很大程度上决定了片上光互连的扩展性和传输的可靠性。

1.5　通信机制

1.5.1　路由算法

1.5.1.1　路由算法概念及分类

片上光互连的路由算法为传输的数据从源节点到目的节点选择合适的传输路径[103],影响整个网络的时延、吞吐、功率、损耗等性能,是片上光互连设计的关键技术之一。

片上光互连的路由算法有多种分类方式,如表 1.1 所示,按照目的节点的数量的不同,可以分为单播路由算法和多播路由算法。当路由算法的目的节点仅有一个时,称为单播路由算法;当路由算法的目的节点是多个时,称为多播路由算法[103]。

按照路由决策的地点分类,可以分为源路由算法和分布式路由算法。源路由算法是由网络的源节点确定路由路径的选择;分布式路由算法是由每个中间节点逐跳选择路由路径。

表 1.1　路由算法的分类

分类方式	算法名称
目的节点数	单播路由算法
	多播路由算法
决策地点	源路由算法
	分布式路由算法
自适应性	确定性路由算法
	自适应路由算法
路径长度	最短路由算法
	非最短路由算法

按照是否具有自适应性分类，可以分为确定性路由算法和自适应路由算法。路径选择时不考虑网络状态，只由源目的节点位置决定的路由算法，称为确定性路由算法；根据网络流量和链路状态信息避免网络中拥塞和故障的路由算法，称为自适应路由算法。

按照路径长度分类，可以分为最短路由算法和非最短路由算法。最短路由算法仅选择跳数最小的路径。非最短路由算法通过选择绕路的方式避免拥塞或故障等，因此选择出的路径可能是非最短的。

1.5.1.2　路由算法存在的问题

现有广泛使用的经典路由算法由于其逻辑简单、易实现、成本低等优点广泛应用于片上光互连网络，随着不同应用需求越来越高、片上光互连的路径资源不断增加，经典路由算法无法充分利用片上光互连的路径资源，制约了互连网络的性能，面临着以下几个问题：

(1) 路径能耗开销问题。经典的路由算法，例如维序路由算法，不考虑网络中链路状态，路由路径固定不变，这些固定路径的插入损耗可能较大，导致信息沿插入损耗大的路径路由，网络能耗开销增大。

(2) 路径可靠性问题。在片上光互连网络中，由于路由算法在选择路径时不考虑微环谐振器的漂移、波导弯曲和波导交叉等，信息在传输时信号功率会因为微环谐振器的热漂移大大降低，同时串扰噪声过大，导致接收到的信号的信噪比过低，使接收端不能正确接收光信号，不能保证网络的可靠性和通信质量。

(3) 路径拥塞问题。经典路由算法选择路径时对网络的拥塞情况敏感，网络中负载比较低的情况下，网络中无拥塞，信息可以较快地传输；但当网络负载上升，通信请求不断增加的情况下，网络中开始产生拥塞，由于经典确定路由算法仅考虑源目的节点位置选择路径，而不考虑网络中链路状态，因此在存在拥塞的情况下，路由算法选出被占用路径的概率极大增加，这时数据会在存在其他可用路径的情况下，持续地等待已经占用的路径释放，导致链路利用率低，进而导致网络出现更加严重的阻塞。

1.5.1.3　路由算法研究现状

针对前文中出现的问题,研究人员已经提出多种方案,下面将进行举例说明。

针对片上光互连的能耗开销问题，Liu 等发现[104]，只有当光路由器中的微环谐振器处于打开状态时才会有较大能耗。该研究组建立路由器的能耗参数模型，选择能耗最低的路径，大幅降低片上光互连数据通信的能耗。为简化 Liu 等提出的复杂求解算法，Asadi 等[105]提出一种适用于片上光互连的降低光损耗的路由算法，该路由算法基于转弯模型和光电路交换，对不同流量模型进行分析，通过计算不同路径的损耗值，为源目的节点对选择损耗最小的路径，从而降低损耗。

针对片上光互连的可靠性问题，Hou 等提出了相应的路由算法[106]。该研究组发现以往路由策略仅仅计算每个光分组沿着光路由器的光路径，而不考虑每个光路由器的内部转发路径。该研究组设计了光路由器的内部分组转发算法，并且建立了插入损耗分析模型，选择出信噪比最高的可靠路径，提高了通信的可靠性。在此基础上，Guo 等改进了光路由器内部结构[107]，进一步设计了片上光互连和路由器内部的路由策略，减小了网络级的插入损耗。

针对片上光互连的路径拥塞问题，Lee 等提出可以通过提高链路利用率缓解拥塞，在路由算法中引入回溯机制[108]，若请求端口占用则请求回到前一个节点寻找其他可用路径。该路由算法缓解了网络阻塞，但引入了复杂逻辑控制和能耗开销。受 Lee 等设计思路的启发，Fusella 等提出了一种新的路由算法[109]，利用泛洪路由策略以增强找到空闲的光路径的可能性，并联合设计新的电路建立机制，以减少路径建立时延和功耗。Ahmed 等提出了适用于混合 Mesh 片上光互连的一种无阻塞路由算法[110]，该算法基于维序路由，基本原理是允许数据信息和控制信息通过光互连网络转发，建链分组由电互连网络转发，并且建链分组经过中间节点时，就将路径上的需要的微环状态配置好，从而缓解网络阻塞，降低时延和能耗开销。

1.5.2　交换机制

1.5.2.1　光电路交换

片上光电路交换采用"电控制光传输"的方式来完成通信请求[111]，通过使用电控制网络提前预约物理链路的方式以保证数据分组在光网络中的正确传输。电控制网络中存在三种控制分组：①预约光传输链路的建链分组(path-setup packet)；②确认链路预约成功的确认分组(ACK)；③释放预约链路资源的拆链分组(path-teardown packet)。控制分组中包含必要的路由信息，以及如优先级或者流识别号等额外的控制信息。控制分组在电控制网络中传输，经过对应光路由器时按照通信需求合理配置路由器状态，完成光传输链路的预约建立以及拆除重置。数据分组则在已建立的链路中以光信号的形式进行高速无缓存的传输。片上光互连中光电路交换的通信过程如图 1.7 所示。

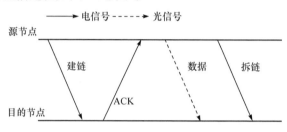

图 1.7　光电路交换通信过程示意图

(1) 当源节点和目的节点之间存在通信请求时，源节点首先向本地控制单元发送一个建链分组(path-setup)，建链分组在电控制网络中按照预定的路由算法传输，合理配置每个经过的光路由器，进行传输链路的预约和建立。

(2) 当建链分组到达目的节点后，光传输链路建立完成，目的节点产生一个确认分组(ACK)并且沿着建链分组传输方向的逆方向从电控制网络回传至源节点。

(3) 当源节点正确收到目的节点的确认分组(ACK)后，沿已经建立的链路以光信号的形式发送数据至目的节点。

(4) 数据完成传输后，源节点会沿着控制分组预约的传输路径向目的节点发送一个拆链分组，拆链分组(path-teardown)经过每个光路由器时释放之前预约的链路，完成整个通信过程。

采用电路交换的优势如下：①采用电路交换通信时独占整个物理链路，可以满足有服务质量要求业务的通信需求；②电路交换采用预约建链数据传输的方式实现端到端通信，保证数据传输的高吞吐和低时延；③电路交换消除中间节点对缓存的需求，解决了当前无片上光缓存的问题，同时减小了芯片面积。

1.5.2.2　光分组交换

电路交换由于需要建链预约资源，网络利用率低。片上光分组交换的提出可以解决这一问题。与电路交换持续占用网络资源不同，分组交换只在分组进行传输时才占用网络资源，实质上是采用了在通信的过程中动态分配网络资源的策略，使得网络利用率大大提高。由于目前片上光缓存技术不成熟，光片上网络的分组交换一般采用光电转换把光信号转换成电信号，再对电信号进行处理和缓存，这在能耗和面积开销等方面带来挑战。为了利用分组交换的灵活性，如何减小分组传输的光电、电光转换次数是一个需要研究的问题。

对于基于存储转发方式的光分组交换，光分组由分组头和数据两部分构成[112]。当光分组进入路由器时，分组头中包含的地址信息经 O/E 转换后提取。在分组头中信息提取和处理的过程中，整个分组的数据部分在路由器内的光缓存中进行存储，由于没有可用的光随机存取器(RAM)，采用光纤延迟线实现光分组缓存功能；当路由控制单元根据提取到的信息决定光分组的输出端口后，整个光分组从确定的输出端口传输到下一路由器。

1.5.2.3 混合交换机制

光片上网络中存在很多种应用，不同的应用按照服务需求的不同一般可分为两类：保证服务质量的应用和尽力服务的应用。保证服务质量的应用需要预约传输链路资源以确保流量传输的独占性，而尽力服务的应用则不需要提前进行传输链路的预约。混合交换就是充分利用电路交换和分组交换的各自优势，使用光电路交换可以满足保证服务质量应用的需求，而光分组交换可以提高网络资源利用率，如何设计片上互连网络以及路由器结构使得可以支持混合交换是需要解决的关键问题。

1.5.2.4 交换机制存在的问题

传统的光电路交换网络由于数据传输速度快、不需要片上光缓存、网络带宽高、数据传输可靠等优点广泛应用于片上光互连众核处理器。但是，传统的光电路交换还存在以下几个问题，严重制约着光电路交换的应用。

(1) 建链分组的阻塞问题。在网络负载比较低的情况下，建链分组可以在电控制网络中进行无阻塞的传输；当网络负载上升，通信请求不断增加的情况下，电控制网络中的建链分组数量也会随之上升，过多的建链分组会导致电控制网络中阻塞的产生。一般情况下，发生阻塞的建链分组会在片上电缓存进行缓存等待并且在冲突消失后继续传输。建链分组进行缓存等待的时候，已经建立的路径会进一步阻塞其他建链分组，导致网络时延增加和网络利用率降低。

(2) 拆链分组的效率问题。在传统的光电路交换过程中，拆链过程在源节点完成全部数据分组发送之后进行，由源节点沿着数据分组传输方向向目的节点发送拆链分组，沿途配置光路由器从而完成光传输链路的拆除。但是由于链路拆除的效率问题，这部分光传输链路不能及时拆除，导致不能被其他通信请求利用，拆链分组消耗大量时间并且降低网络资源利用率，使整个网络利用率降低。

(3) 控制分组的能耗开销问题。光电路交换中用控制分组预约建立、拆除光传输链路。对于长度较长的数据，数据传输过程中的能耗占整个网络能耗开销的绝大部分，控制分组所占用的能耗基本可以忽略不计；对于一些数据长度较短的应用，链路预约建立和拆除过程中控制分组所带来的能耗开销占网络能耗总开销的比例增大，数据传输能耗占网络总能耗的比例降低，导致网络的能量效率降低。

(4) 分组传输距离问题。光电路交换中数据的传输要经过光传输链路建立、数据传输和光传输链路拆除三个过程。对于传输路径较长的数据，通过预约建链的方式保证了数据的高速可靠传输；但是对于传输路径较短的数据，通信中的建链、保持、拆链过程不能很好地利用光电路交换的优势，并且通信过程中控制分组带来的额外开销对性能提升效果并不明显。

(5) 电控制网络带来的问题。电控制网络用于控制光传输链路的建立以及拆除。对于规模较小的片上光互连网络，电控制网络的使用为控制光传输网络提供了便利；随着网络规模的不断增大，电控制网络会带来网络能耗增长和扩展性问题，这在一定程度上制约着光电路交换在片上光互连网络中的应用。

(6) 光电路交换面向应用问题。光电路交换在片上光互连网络中的应用往往没有结合具体的应用特点进行设计优化。对于某些应用，通信过程中本身就存在着请求、应答、数据传输这三种数据分组，在传统电路交换机制中，每种数据分组都要求使用额外的控制分组进行传输链路的预约和拆除，这会导致网络时延性能和利用率的严重降低。如果能结合具体应用的特点将传输链路的建立、保持和拆除三个过程与相应的请求、应答和数据分组结合，减少建链过程和控制分组数量，可以提高网络性能和利用率。

1.5.2.5　交换机制研究现状

针对光电路交换在片上众核处理器应用中存在的问题一般有以下解决方案，如表1.2所示。

表 1.2　光电路交换问题解决方案

存在问题	解决方案
建链分组的阻塞问题	一种建链分组阻塞处理方式[113]
	降低路径冲突[108]
	不同的复用技术[92,114,115]
拆链分组的效率问题	改进的快速拆链策略[116]
控制分组的能耗问题	混合交换机制[113]
分组传输距离问题	簇结构[114,116]
	混合电路交换[117]

续表

存在问题	解决方案
电控制网络带来的问题	全光网络实现交换[114,117]
光电路交换面向应用问题	将光电路交换结合特定应用的特点[118,119]

针对建链分组的阻塞问题，哥伦比亚大学的 Shacham 等在文献[113]中提出采用改进的建链机制，缩短建链时间并提高建链成功率。该研究组结合光网络和电网络各自的优点采用光电混合网络的方式设计片上网络结构，光网络用来传输长距离分组，电网络用来传输控制分组和长度较小分组。

研究人员提出一种建链分组阻塞处理方式，建链分组在电控制网络中发生阻塞将不会临时缓存而是立即丢弃。同时发生阻塞的路由器会沿建链分组传输路径的反方向向源节点发送一个链路阻塞分组。链路阻塞分组沿途释放已经被预约的链路，并且通知源节点其请求没有得到响应，使源节点可以利用网络路径多样性再次沿其他路径发送通信请求。

建链效率还可以通过降低路径冲突得以提高，因为路径冲突在基于光电路交换的片上光互连中的影响比分组交换中更为严重。为了有效避免路径冲突，Lee 等提出了一种新型最短路径自适应路由算法[108]，改进了动态自适应 X-Y 路由，并且在考虑片上光互连和电片上网络特性的前提下改进交换机制来解决路径冲突问题。该研究组提出的新交换技术包括延迟重配置方法和快速释放方法。当节点收到一个取消或回退返回的分组时，会重新发送建链分组来进行路径的重配置。但是重新发送的建链分组可能阻碍其余可用光路径的建立，从而影响数据的并行传输。快速路径释放是在数据传输开始的同时发送包含释放时间信息的路径释放分组，并且将该信息保存在每个路由器中，时间到后自动释放光路径。

除了上述降低路径冲突的方法，还可以通过不同的复用技术对交换机制进行改进。哥伦比亚大学的 Hendry 等提出基于"配置通信"的方法改进了光电路交换[114]。通过时分复用轮询仲裁机制将网络中不同的通信请求安排在不同的时隙，每个特定的时隙内只满足特定通信请求。每个时隙开始阶段，交换单元控制器根据时分复用仲裁表正确配置每个光交换单元，无需电控制网络层，从而减少建链分组、确认分组和拆链分组带来的额外网络开销。Kirman 等提出基于波长的无关路由[92]及交换机制的改进，分组传输的路径是由所使用的波长决定，同时节点对之间通信所使用的波长是不变的，一旦信道和波长配置为某对节点使用，该对节点独享资源，直到通信结束，省去了路由和仲裁的时延，简化了建链机制。Chan 等提出波长选择空分路由[115]及相应的交换机制。该方法在建链时会试着预约那些仍没有预约的波长，除非所有的波长均被预约，才会使得预约失败。由于可以预约不同的波长，提高了建链的成功率，从而可以获得较高的效率。

　　针对拆链分组的效率问题，采用改进的拆链策略进行链路的快速拆除。香港科学技术大学的 Mo 等提出了一种混合电片上光互连架构——HOME[116]，并针对该架构进行了交换机制的设计。该组研究人员提出新方法来减少拆链时间。拆链信息会在数据开始传输的同时发往目的节点。当光传输链路确定后，在已知传输分组的大小、链路带宽、控制网络频率等参数下，可以计算得到数据传输的时间，从而实现快速拆链。除了该研究组的方案，Lee 的解决方案[108]和基于时分复用的片上光互连[114]也解决了拆链效率低的问题。

　　针对控制分组的能耗开销问题，可以采用混合交换机制，将电路交换和分组交换的优点相结合，例如上述的 Shacham 的解决方案[113]。

　　针对分组传输距离问题，采用簇结构，簇内通信使用电交换，簇间通信使用光交换，例如 HOME [116]和时分复用的片上光互连结构[114]。除此之外，Zhang 等提出了一种混合电路交换片上光互连结构——CSPIN[117]。与现有的光电路交换网络不同，CSPIN 的创新在于利用光信号建链。光电路交换通信过程包括四个阶段：链路建立、链路确认、数据传输和链路释放。其光数据帧包括了四个域，分别对应上述的四个阶段。光数据帧由源节点产生，且完全处于源节点的控制和监听。光链路上其他节点接收光信号并且控制建立/拒绝/释放光链路，中间节点不产生光信号。

　　针对电控制网络带来的问题，采用全光网络进行链路的预约建立、保持以及拆除，消除光电路交换中存在的电控制网络，比如上述的 CSPIN [117]和基于时分复用的片上光互连[114]。

　　针对光电路交换面向应用的问题，可通过将光电路交换结合特定应用的通信特点进行设计和优化。许多互连网络结构如 Quadrics QsNet II [118]和 IBM 的 Cell Element Interconnect Bus[119]都使用了直接内存访问直接存储器存取通信模型。直接存储器存取将内存和处理器核之间的通信带宽作为首要因素，信息分组的容量固定且相对较大。基于光电路交换机制的片上光互连通过减少部分建链开销可以提供巨大的网络通信带宽。同时，直接存储器存取的建链分组可以在光传输链路预约的途中同时在电控制网络中以非常低的时延传输，信息分组在已经成功预约的光传输链路中进行高速低时延的传输。

1.6　可　靠　性

　　光器件由于制造工艺的不完善会不可避免地引入串扰噪声和功率损耗，串扰噪声是光信号之间非理想模式耦合的结果，在大规模片上光互连中，串扰将对信号传输的可靠性造成不可忽视的影响。光器件的热敏性也是影响片上光互连可靠性的潜在问题。由于光器件存在热光效应，运行时芯片上的温度变化会影响光器件的物理性质并改变其工作点。微环谐振器是片上光互连中各种功能器件最重要的组成部件之一。在不同芯片温度下，微环谐振器的工作点会产生变化，并进一步影响网络通信的可靠性。

1.6.1　串扰问题

1.6.1.1　串扰问题概述

片上光互连由微环谐振器等基本光器件构成。光信号在通过基本光器件时，会不可避免地产生一小部分信号泄露，如图 1.8 所示，这些非理想信号会成为网络中其他信号的串扰噪声。因此，当网络中多个信号同时经过同一个光路由器时，由于各个基本器件引入的串扰噪声，信号在理想路由器端口输出的同时，也会给其他的路由器端口引入少量串扰，从而影响光路由器及整个片上光互连的可靠性。尽管器件级的串扰噪声功率较低，但是传输过程中的串扰噪声累积将对大规模片上光互连的信噪比(SNR)和误码率(BER)造成很大的影响。因此，网络的信号可靠性和可扩展性将面临串扰噪声带来的严峻挑战。例如，对于基于 Mesh 的片上光互连，在使用优化交叉开关路由器时，最坏情况下，当其规模大于 8×8 时，光信

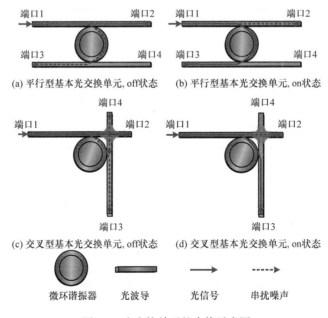

图 1.8　光交换单元的串扰示意图

号功率将会小于串扰噪声功率,而对于 Crux 路由器来说其最大规模是 12×12[120]。对于基于波分复用(WDM)技术的片上光互连,串扰噪声引起的可靠性问题将更加严峻。为了保证可靠的片上光通信,对片上光互连中的串扰噪声、插入损耗和信噪比进行建模分析和优化至关重要。

1.6.1.2 串扰问题建模

为了解决串扰问题,研究人员建立了许多片上光互连串扰模型,通过器件级、路由器级和网络级三个等级建立模型,逐层分析,最终得到 SNR 和 BER 等性能参数。对不同的片上光互连架构进行串扰分析时,主要考虑不同光路由器结构和网络结构各自的特点对串扰噪声和 SNR 性能的影响。

Xie 等研究人员为光路由器和片上光互连中串扰问题引入的可靠性问题建立了分析模型,其中包括对串扰噪声、SNR 和 BER 等参数的分析,并对基于 Mesh 的片上光互连进行了案例研究,对信号可靠性参数进行了具体分析[120,121]。2012 年,Xie 等为片上光互连中的 5×5 光路由器建立了信号可靠性模型,具体分析了包括损耗、串扰噪声和 SNR 等在内的相关参数[122]。Lin 等为基于微环的片上光互连建立了串扰模型[123],并针对基于 Benes 的片上光互连进行个案研究。Xie 等对基于 Mesh 的片上光互连中的最差情况串扰噪声和 SNR 进行了建模分析[120],对串扰噪声的研究分为器件级、路由器级和网络级三个等级。为了得出网络的最小SNR,该文献对网络中不同长度光链路的 SNR 进行分析。在基于 Mesh 的片上光互连中,最小 SNR 严重限制了网络的可扩展性,同时得出了拓扑规则的网络中SNR 最优的结论。

Nikdast 等研究人员分别对基于 Folded-Torus 的片上光互连和基于 Fat-Tree 的片上光互连中,串扰噪声引入的可靠性问题,进行了系统性建模分析[124,125]。模型中对串扰噪声等性能参数的分析同样采取分级的方式,按照上述三个层面进行。为了便于路由器级的分析,文献中分别建立了适用于两种拓扑的通用 5×5 光路由器模型和 4×4 光路由器分析模型。最终在网络级分析得到最差 SNR 链路。

上述对于串扰噪声和 SNR 的研究主要针对单波长片上光互连,而目前有很多研究人员通过在片上光互连中应用 WDM 技术以获得更高的带宽密度,因此对基于 WDM 的片上光互连进行串扰噪声和 SNR 分析也至关重要。对基于 WDM 的片上光互连中串扰噪声的建模仍采用分层建模分析的方式,不同之处是为了支持WDM,器件中增加了许多不同谐振波长的微环谐振器,且增加了调制器、解调器等器件引入的串扰,光器件的差异造成了路由器结构的差异,最终反映在网络级的分析结果中。在考虑具有不同波长的光信号之间引入串扰的同时,还需要考虑具有不同谐振波长的微环对光信号造成的影响。

Padmaraju 等研究人员分析了支持 WDM 的硅基微环谐振器的互调串扰特性[126],

通过测量 BER 和眼图, 针对互调串扰对信号质量的影响进行研究。Nikdast 等研究并比较了三种基于 WDM 的片上光互连架构中的信号可靠性, 建立了不同架构中最差情况及平均情况下的串扰噪声和 SNR 模型, 并在此基础上开发了分析平台 CLAP[127]。分析结果表明, 降低串扰噪声是基于 WDM 的片上光互连网络中设计的关键问题。上述研究成果主要针对基于网格拓扑且使用 WDM 技术的片上光互连网络。基于 WDM 的片上光互连还有一类重要的拓扑——环形拓扑结构, 如经典的 Corona 架构等。Duong 等人于 2014 年首次系统研究了 Corona 的最坏情况串扰噪声和 SNR。首先根据光器件的特性为其建立分析模型, 之后采用自下而上的方式对网络中的每个部件进行具体分析, 最终得出 Corona 的最差情况串扰噪声和 SNR[128]。

网络中的串扰噪声还可以分为非相干串扰和相干串扰两种。当网络中的光传播时延差大于激光源的相干时间时, 认为该串扰是非相干串扰, 否则为相干串扰。针对上述基于 WDM 的片上光互连中串扰进行建模过程中没有考虑相干串扰的问题, Duong 等于 2015 年同时考虑了基于 WDM 的片上光互连中的相干串扰噪声和非相干串扰噪声, 建立了光链路级的分析模型, 并对两种基于环的网络结构进行案例分析, 包括 SUOR 和 Corona[129]。分析结果表明串扰噪声严重影响片上光互连的 SNR 和网络性能, 且片上光互连的架构设计决定了串扰噪声对 SNR 的影响。在此基础上, 他们于 2016 年以 I^2CON 为例分析了片间和片内光互连网络的插入损耗、串扰噪声和 SNR 等可靠性相关参数, 在分析模型中同时考虑了相干串扰和非相干串扰噪声[130]。通过分析得出结论: 包含片间和片内互连的光互连网络 BER 性能优于仅有片内互连的光互连网络, 因此设计人员应在使用较多的芯片或在单片上使用较多的簇之间进行权衡。

1.6.1.3 串扰问题优化方案

为了优化片上光互连中串扰噪声和插入损耗导致的信号可靠性问题, 研究人员提出了一系列的解决方案, 主要包括器件级、路由器级和网络级三个层面, 如表 1.3 所示。

在器件级, 研究人员针对低串扰和低插入损耗光器件进行了大量研究, 并将其应用于网络中, 从而达到优化网络中串扰噪声和 SNR 的目的。例如, Ding 等提出了一种低串扰波导交叉[131]。2013 年, Zhang 等研究了一种与 COMS 兼容、低损耗且低串扰的硅基波导交叉[132]。在低串扰器件的应用方面, Xie 等首次使用角度为 60°和 120°的波导交叉代替传统的 90°波导交叉进行光路由器设计, 结果证实这种方法使 SNR 提升了约 10dB[122]。2015 年, Xie 等首次将最佳交叉角度同时应用于基于 Mesh 的片上光互连[133]和基于 Torus 的片上光互连[134]的路由器级和网络级中, 从而优化网络中的最小 SNR, 并提升网络的可扩展性。

在路由器级, 由于路由器结构对网络的 SNR 性能有较大的影响[120], Xie 等研究人员对基于交叉开关的光路由器进行优化以降低插入损耗和串扰噪声，此外还提出一种片上光路由器结构 Crux，通过降低路由器结构中的微环数量来优化网络中的功率损耗和串扰噪声[135]。2015 年，Shabani 等提出了一种低插入损耗交换开关设计——4×4 交换单元 Helix-h[136]。

表 1.3　串扰优化方案

分类			优化方案
器件级			低串扰、低损耗光器件的研究
			低串扰、低损耗光器件在路由器和网络中的应用
路由器级			优化光路由器结构
网络级	单波长 片上光互连		考虑串扰的路由算法
			考虑串扰的映射算法
	多波长 片上光互连	编码机制	PCTM5B
			PCTM6B
			DBCTM(考虑制程漂移)
		WSP 技术	

在网络级，串扰噪声及 SNR 的优化方案则比较多样化，包括对路由算法、编码机制等方面的改进。对于单波长片上光互连，Bai 等为了解决基于 Benes 的片上光互连中由串扰噪声引入的可靠性问题,提出了一种考虑串扰问题的路由算法,通过选择引入串扰较少的路径以改善网络中由串扰引入的可靠性问题[137]。2015 年，Fusella 等首次在映射中考虑串扰噪声，针对特定应用多核 SoC，提出特定应用映射优化以解决串扰问题。通过将不同功能映射到系统的不同区域，使流量达到串扰最优化模式，从而降低了最坏情况下的串扰噪声[138]。针对使用密集波分复用(dense wavelength division multiplexing，DWDM)的片上光互连中串扰噪声较大的问题，Chittamuru 等于 2015 年提出了两种新型编码机制 PCTM5B 和 PCTM6B 以达到提高最小 SNR 的目标[139]。该编码机制通过在数据中 1 的附近放置一个或多个 0 以降低非耦合波长的瞬时光信号强度，从而降低串扰。他们还提出了一种增加 DWDM 波导中相邻波长的波长间隔(wavelength spacing，WSP)方法，达到降低串扰噪声的目的[140]。2016 年，Chittamuru 等在考虑串扰问题的同时，考虑制程漂移引起的信号完整性降低的问题，提出了一种新型的编码机制 DBCTM，使其能够智能适应片上的制程漂移,通过降低基于 DWDM 的片上光互连中的微环谐振器的串扰噪声，提升网络的最差情况 SNR[141]。

1.6.2　热效应问题

1.6.2.1　热效应问题概述

　　光器件的热敏性是影响片上光互连可靠性的潜在问题。高性能众核片上系统在运行时散发大量的热，而热的分布与运行状态息息相关，不稳定且在不同的位置间偏差较大。处理器不均匀的发热会紧密耦合在光器件上。片上光互连中许多功能的实现都依赖于微环谐振器，然而由于热光效应，微环的谐振波长会根据温度的不同而产生变化，从而造成光路径中各微环谐振器的光通带失配，进而导致光信号损耗增大，接收端 SNR 降低，影响网络的信号可靠性，如图 1.9 所示。在大规模芯片温度波动情况下，热效应会导致片上光互连性能下降，甚至出现功能故障，从而降低片上光互连的可靠性。有研究表明，考虑可靠性因素后，片上光互连原本好几个数量级的性能功耗优势将荡然无存[142]。因此，热效应已经成为片上光互连设计中必须考虑的重要因素。

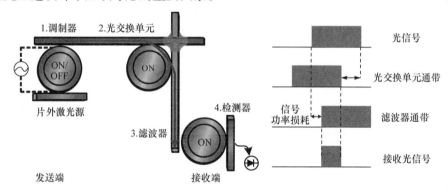

图 1.9　热效应造成的光功率损耗

1.6.2.2　热效应问题建模

　　为了对片上光互连的热效应问题进行深入研究，多名研究人员为片上光互连的热效应建立了分析模型。Mohamed 等研究人员首次为纳米光器件的制程漂移和热效应建立了模型[143]。Li 等研究人员建立了能够评估热效应和制程漂移对片上光互连的系统级影响的模型[144]。2013 年，Li 等研究人员结合芯片结构对片上光互连中的热传导模型进行分析，在此基础上对片上光互连中的温度特性进行了建模，并针对热效应对 SNR 的影响进行建模分析[145]，总结了影响片上光互连中 SNR 的一些因素。2013 年，Ye 等研究人员系统建模并定量分析了片上光互连的热效应及其对功耗的影响[146]。2014 年，他们对基于 WDM 的片上光互连中光链路的热效应进行了系统建模，并开发了热效应建模平台——OTemp[147]。OTemp 支持对光链路在不同温度变化下的功耗和光功率损耗仿真。在上述模型中，由于研究人员的关注点不同，建模思路也有所差异，前三种模型主要考虑热效应对 SNR 和 BER,即网络可靠性的影响;后两个则主要关注热效应对片上光互连功耗的影响。

1.6.2.3 热效应问题优化方案

研究人员针对热效应问题提出了一系列解决方案，如表 1.4 所示，主要分为器件级、网络级和系统级三个层面。

表 1.4 热效应优化方案

分类		优化方案
器件级		电压调节
		本地热调节
		非热敏器件
		反馈控制方案
网络级	信道管理	自适应微环分配机制
		子信道重新映射机制
		信道转移 本地波长重新排列+全局波长重新分配
	路由算法	考虑温度的路由算法
		变化感知路由算法
	激光源 相关策略	基于 VCSEL 的考虑热效应的片上光互连设计方法
		考虑热效应的激光源调整方法
系统级		动态电压和频率调节
		作业分配政策
		热量/拥塞感知调度算法
		工作负载迁移
		动态线程迁移

研究人员对器件级解决方案进行了大量研究，提出了依赖于电压调节[148]、本地热调节[149]、非热敏器件[150]和反馈控制方案[151]等的解决方案。这些器件级校准过程可以通过调整微环谐振器的谐振波长来抵消热效应对网络 SNR 的影响。这些技术仍存在一系列问题。首先,这些技术会产生较大的功耗开销,在大规模网络中,用于校准过程的功耗将大于网络总功耗的 50%[90]。由于算法处理和加热时延,器件级校准过程还会造成性能开销。同时,器件级的解决方案在大规模片上光互连中难以实现。通过调节工作偏置电压的方式改变微环谐振器谐振波长的调节范围比较有

限。本地热调节只能使微环的温度上升,当两个微环存在温度差时,本地热调节只能增加较低温度一方的温度,这会导致有限的片上热预算更紧张。非热敏器件则存在面积开销大的问题。由于器件级解决方案仍不完善,器件级的方案往往与系统级和网络级的解决方案同时使用以解决热效应引入的可靠性问题[143,144,152-154]。

　　为了抵消热效应对网络性能的负面影响,同时降低器件级方案所需的高功耗,研究人员提出一系列的架构级和系统级解决方案。Mohamed 等研究人员通过在发送端放置一定数量的冗余微环以实现信道转移,利用这些冗余资源可以在不改变谐振器件的谐振波长的情况下将通信转移到一组不同的信道内,从而抵消发送端和接收端之间由于温度产生的通带失配。同时考虑制程漂移、温度漂移和负载变化三个因素设计了一种变化感知路由算法,使得网络的 SNR 性能得到保障[143]。Zheng 等研究人员通过子信道重新映射机制以平衡热效应的影响[155]。Li 等研究人员通过动态电压和频率调节(dynamic voltage and frequency scaling,DVFS)以及负载管理机制控制片上处理器核的功耗,实现 CMP 系统热分布的管理,从而优化片上光互连的性能和可靠性[144]。2014 年,一些研究人员提出了一种考虑热效应的作业分配政策,用来最小化微环谐振器间的温度梯度[156]。Li 等设计一种路由算法,可以改变信息的传输路径使其离开热点区域,通过"冷区域"传输至目的地,同时设计了一种热量/拥塞感知型调度算法,在映射工作负载时优先映射到散热相对容易的外围核心,从而进一步降低信息传输的 BER[153]。两个算法可以分别使用,也可以协同使用以更有效地提升片上光互连的可靠性。Xu 等研究人员提出了一种本地波长重新排列和全局波长重新分配的方案[157],通过在运行时根据需求和温度来分配带宽以降低热效应和制程漂移对硅基光网络的性能影响。2015 年,Li 等提出了一种考虑热效应且使用垂直腔面激光器(vertical cavity surface emitting laser,VCSEL)的片上光互连设计方法来解决温度变化造成的 VCSEL 低效和低 SNR 问题[158]。2016 年,Beigi 等提出了一种考虑热效应的运行时线程迁移机制 Therma,用以管理纳米光网络中的温度波动[159]。Chittamuru 等提出了一种自适应微环分配机制,通过在运行时动态分配一系列微环谐振器来保证一定温度范围下数据的可靠调制和接收,同时提出了一种防止波长漂移动态热管理机制,采用基于支持向量机回归的温度预测和动态线程迁移,从而避免超过片上热阈值,并降低了微环谐振器的调谐功率[154]。为了实现片上温度监测,Büter 等为片上光互连提出一种分布式自主热监测结构[160],它可以处理温度传感器的噪声,提供准确的热预测,且具有较小的通信开销。2016 年,Li 等研究人员为硅基光互连网络提出了一种考虑热问题的激光源调整方法,通过片上激光源和微环谐振器的联合调谐使得两者波长匹配,从而在提升信号可靠性的同时大幅降低调谐功耗[161]。

　　网络级解决方案有其自身的局限性,例如对于温度感知路由算法,当发送端和接收端两者之间的温差较大时，路径选择的作用就非常有限，而信道间跳跃及其他同类信道管理方案则需要较多的冗余微环资源。系统级解决方案则多为一些功耗管理技术，可以对整个片上热分布实现宏观控制。例如上文中提到的 DVFS 以及作业调度和动态线程迁移技术，这些方案通过管理处理器核的电压、频率和工作负载来控制芯片上的功耗以及热分布，从而缓解片上热效应对可靠性的影响。总而言之，器件级技术是高速细粒度的解决方案，而架构级技术和系统级技术则为一些低速粗粒度的解决方案。

参 考 文 献

[1] Moore G E. Cramming more components onto integrated circuits[J]. Electronics, 1965, 38(8): 114-117.

[2] Meindl J D. Interconnect opportunities for gigascale integration[J]. IEEE Micro, 2003, 23(3): 28-35.

[3] Ho R, Mai K W, Horowitz M A. The future of wires[J]. Proceedings of the IEEE, 2001, 89(4): 490-504.

[4] Magen N, Kolodny A, Weiser U, et al. Interconnect-power dissipation in a microprocessor[C]// Proceedings of the 2004 International Workshop on System Level Interconnect Prediction, Paris, 2004: 7-13.

[5] Intel. Intel® Xeon Phi™ Processor 7290[EB/OL]. https://ark.intel.com/products/95830/Intel-Xeon-Phi-Processor-7290-16GB-1_50-GHz-72-core[2019-07-01].

[6] Mellanox. TILE-Gx72 Processor[EB/OL]. http://www.mellanox.com/page/products_dyn?product_family=238&mtag=tile_gx72[2019-07-01].

[7] Goodman J W, Leonberger F J, Kung S Y, et al. Optical interconnections for VLSI systems[J]. Proceedings of the IEEE, 1984, 72(7): 850-866.

[8] Atabaki A H, Moazeni S, Pavanello F, et al. Integrating photonics with silicon nanoelectronics for the next generation of systems on a chip[J]. Nature, 2018, 556(7701): 349-359.

[9] Kurian G, Sun C, Chen C H O, et al. Cross-layer energy and performance evaluation of a nanophotonic manycore processor system using real application workloads[C]//2012 IEEE 26th International Conference on Parallel & Distributed Processing Symposium (IPDPS), Shanghai, 2012: 1117-1130.

[10] Shacham A, Bergman K, Carloni L P. Photonic networks-on-chip for future generations of chip multiprocessors[J]. IEEE Transactions on Computers, 2008, 57(9): 1246-1260.

[11] Noriki A, Lee K, Bea J, et al. Through-silicon photonic via and unidirectional coupler for high-speed data transmission in optoelectronic three-dimensional LSI[J]. IEEE Electron Device Letters, 2012, 33(2): 221-223.

[12] Kim H J, Seo J T, Han T H. 3CEO: Three dimensional Cmesh based electrical-optical router for networks-on-chip[C]//ICTC 2011, Xi'an, 2011: 114-119.

[13] Ye Y, Xu J, Huang B, et al. 3-D mesh-based optical network-on-chip for multiprocessor system-on-chip[J]. IEEE Transactions on Computer-Aided Design of Integrated Circuits and Systems, 2013, 32(4): 584-596.

[14] Ahmed A B, Abdallah A B. PHENIC: Silicon photonic 3D-network-on-chip architecture for high-performance heterogeneous many-core system-on-chip[C]//The 14th International Conference on Sciences and Techniques of Automatic Control and Computer Engineering (STA), Sousse, 2013: 1-9.

[15] Reinbrecht C R W, Johanna M, Susin A A. PHiCIT: Improving hierarchical networks-on-chip through 3D silicon photonics integration[C]//The 28th Symposium on Integrated Circuits and Systems Design (SBCCI), Brasilia, 2015: 28.

[16] Morris R W, Kodi A K, Louri A, et al. Three-dimensional stacked nanophotonic network-on-chip architecture with minimal reconfiguration[J]. IEEE Transactions on Computers, 2014, 63(1): 243-255.

[17] Pasricha S, Bahirat S. OPAL: A multi-layer hybrid photonic NoC for 3D ICs[C]//The 16th Asia and South Pacific Design Automation Conference, Yokohama, 2011: 345-350.

[18] Kang J, Atsumi Y, Oda M. Layer-to-layer grating coupler based on hydrogenated amorphous silicon for three-dimensional optical circuits[J]. Japanese Journal of Applied Physics, 2012, 51(51): 0203.

[19] Kang J, Atsumi Y, Hayashi Y, et al. 50 Gbps data transmission through amorphous silicon interlayer grating couplers with metal mirrors[J]. Applied Physics Express, 2014, 7(7): 032202.

[20] Sun R, Beals M, Pomerene A, et al. Impedance matching vertical optical waveguide couplers for dense high index contrast circuits[J]. Optics Express, 2008, 16(16): 11682-11690.

[21] Takei R, Maegami Y, Omoda E, et al. Low-loss and low wavelength-dependence vertical interlayer transition for 3D silicon photonics[J]. Optics Express, 2015, 23(14): 18602-18610.

[22] Zhu S, Lo G Q. Vertically stacked multilayer photonics on bulk silicon toward three-dimensional integration[J]. Journal of Lightwave Technology, 2016, 34(2): 386-392.

[23] Itoh K, Kuno Y, Hayashi Y, et al. Crystalline/amorphous Si integrated optical couplers for 2D/3D interconnection[J]. IEEE Journal of Selected Topics in Quantum Electronics, 2016, 22(6): 255-263.

[24] Brooks C J, Knights A P, Jessop P E. Vertically-integrated multimode interferometer coupler for 3D photonic circuits in SOI[J]. Optics Express, 2011, 19(4): 2916-2921.

[25] Ramadan T A. A novel design of a wideband digital vertical multimode interference coupler[J]. Journal of Lightwave Technology, 2016, 34(17): 4015-4022.

[26] Sherwood-Droz N, Lipson M. Scalable 3D dense integration of photonics on bulk silicon[J]. Optics Express, 2011, 19(18): 17758-17765.

[27] Bessette J T, Ahn D. Vertically stacked microring waveguides for coupling between multiple photonic planes[J]. Optics Express, 2013, 21(11): 13580-13591.

[28] Park S, Wang A, Ko U, et al. Enabling simultaneously bi-directional TSV signaling for energy and area efficient 3D-ICs[C]//Design, Automation & Test in Europe Conference & Exhibition, Dresden, 2016: 163-168.

[29] Noriki A, Lee K W, Bea J, et al. Through Silicon photonic via (TSPV) with Si core for low loss and high-speed data transmission in opto-electronic 3-D LSI[C]//3d Systems Integration Conference, Munich, 2010: 1-4.

[30] Ciftcioglu B, Berman R, Wang S, et al. 3-D integrated heterogeneous intra-chip free-space

optical interconnect[J]. Optics Express, 2012, 20(4): 4331-4345.

[31] Gunn C. CMOS photonics for high-speed interconnects[J]. IEEE Micro, 2006, 26(2): 58-66.

[32] Sun C, Wade M T, Lee Y, et al. Single-chip microprocessor that communicates directly using light[J]. Nature, 2015, 528(7583): 534-538.

[33] Assefa S, Green W M J, Rylyakov A, et al. Monolithic integration of silicon nanophotonics with CMOS[C]//IEEE Photonics Conference 2012, Burlingame, 2012: 626-627.

[34] Narasimha A, Analui B, Balmater E, et al. A 40-Gb/s QSFP optoelectronic transceiver in a 0.13 μm CMOS silicon-on-insulator technology[C]//Optical Fiber Communication Conference, San Diego, 2008.

[35] Awny A, Nagulapalli R, Winzer G, et al. A 40 Gb/s monolithically integrated linear photonic receiver in a 0.25 μm BiCMOS SiGe: C technology[J]. IEEE Microwave and Wireless Components Letters, 2015, 25: 469-471.

[36] Magarshack P, Flatresse P, Cesana G. UTBB FD-SOI: A process/design symbiosis for breakthrough energy-efficiency[C]//Proceedings of the Conference on Design, Automation and Test in Europe, Grenoble, 2013: 952-957.

[37] Zhou Z, Yin B, Michel J. On-chip light sources for silicon photonics[J]. Light: Science & Applications, 2015, 4(11): e358.

[38] Liang D, Bowers J E. Recent progress in lasers on silicon[J]. Nature Photonics, 2010, 4(8): 511.

[39] Liu J, Sun X, Pan D, et al. Tensile-strained, n-type Ge as a gain medium for monolithic laser integration on Si[J]. Optics Express, 2007, 15(18): 11272-11277.

[40] Park H, Fang A W, Kodama S, et al. Hybrid silicon evanescent laser fabricated with a silicon waveguide and III-V offset quantum wells[J]. Optics Express, 2005, 13(23): 9460-9464.

[41] Fang A W, Park H, Cohen O, et al. Electrically pumped hybrid AlGaInAs-silicon evanescent laser[J]. Optics Express, 2006, 14(20): 9203-9210.

[42] Sun X, Zadok A, Shearn M J, et al. Electrically pumped hybrid evanescent Si/InGaAsP lasers[J]. Optics Letters, 2009, 34(9): 1345-1347.

[43] Tanabe K, Watanabe K, Arakawa Y. III-V/Si hybrid photonic devices by direct fusion bonding[J]. Scientific Reports, 2012, 2: 349.

[44] Liu J F, Sun X C, Camachoaguilera R, et al. Ge-on-Si laser operating at room temperature[J]. Optics Letter, 2010, 35: 679-681.

[45] Camacho-Aguilera R E, Cai Y, Patel N, et al. An electrically pumped germanium laser[J]. Optics Express, 2012, 20(10): 11316-11320.

[46] He G, Atwater H A. Interband transitions in SnxGe1—X alloys[J]. Physical Review Letters, 1997, 79(10): 1937.

[47] 赵策洲. 半导体导波光学器件理论及技术[M]. 北京: 国防工业出版社, 1998.

[48] Dong P, Chen L, Chen Y. High-speed low-voltage single-drive push-pull silicon Mach-Zehnder modulators[J]. Optics Express, 2012, 20(6): 6163-6169.

[49] Zhang X, Hosseini A, Lin X, et al. Polymer-based hybrid-integrated photonic devices for silicon on-chip modulation and board-level optical interconnects[J]. IEEE Journal of Selected Topics in Quantum Electronics, 2013, 19(6): 196-210.

[50] Koch B R, Norberg E J, Kim B, et al. Integrated silicon photonic laser sources for telecom and datacom[C]//National Fiber Optic Engineers Conference, Anaheim, 2013.

[51] Li G, Zheng X, Yao J, et al. 25Gb/s 1V-driving CMOS ring modulator with integrated thermal tuning[J]. Optics Express, 2011, 19(21): 20435-20443.

[52] Alloatti L, Cheian D, Ram R J. High-speed modulator with interleaved junctions in zero-change CMOS photonics[J]. Applied Physics Letters, 2016, 108(13): 131101.

[53] Caverley M, Wang X, Murray K, et al. Silicon-on-insulator modulators using a quarter-wave phase-shifted bragg grating[J]. IEEE Photonics Technology Letters, 2015, 27(22): 2331-2334.

[54] Rowe L K, Elsey M, Tarr N G, et al. CMOS-compatible optical rib waveguides defined by local oxidation of silicon[J]. Electronics Letters, 2007, 43(7): 392-393.

[55] Cardenas J, Poitras C B, Robinson J T, et al. Low loss etchless silicon photonic waveguides[J]. Optics Express, 2009, 17(6): 4752-4757.

[56] 高峰, 秦莉, 陈泳屺, 等. 弯曲波导研究进展及其应用[J]. 中国光学, 2017, 10(02): 176-193.

[57] Lee K K, Lim D R, Luan H C, et al. Effect of size and roughness on light transmission in a Si/SiO$_2$ waveguide: Experiments and model[J]. Applied Physics Letters, 2000, 77(11): 1617-1619.

[58] Lagakos N, Cole J H, Bucaro J A. Microbend fiber-optic sensor[J]. Applied Optics, 1987, 26(11): 2171-2180.

[59] Dai D, He S. Analysis of characteristics of bent rib waveguides[J]. JOSA A, 2004, 21(1): 113-121.

[60] Gardner W B. Microbending loss in optical fibers[J]. The Bell System Technical Journal, 1975, 54(2): 457-465.

[61] Shoji Y, Kintaka K, Suda S, et al. Low-crosstalk 2×2 thermo-optic switch with silicon wire waveguides[J]. Optics Express, 2010, 18(9): 9071-9075.

[62] Neyer A, Mevenkamp W, Thylen L, et al. A beam propagation method analysis of active and passive waveguide crossings[J]. Journal of Lightwave Technology, 1985, 3(3): 635-642.

[63] Young I, Mohammed E, Liao J, et al. Optical I/O technology for tera-scale computing[J]. IEEE J. Solid-State Circuits, 2010, 45(1): 235-248.

[64] Adar R, Y Shani, Henry C H, et al. Measurement of very low-loss silica on silicon waveguides with a ring resonator[J]. Applied Physics Letters, 1991, 58(5): 444-445.

[65] Walker R G. Simple and accurate loss measurement technique for semiconductor optical waveguides[J]. Electronics Letters, 1985, 21(13): 581-583.

[66] Yu L S, Liu Q Z, Pappert S A, et al. Laser spectral linewidth dependence on waveguide loss measurements using the Fabry-Perot method[J]. Applied Physics Letters, 1994, 64(5): 536-538.

[67] Hakki B W, Paoli T L. Gain spectra in GaAs double-heterostructure injection lasers[J]. Journal of Applied Physics, 1975, 46(3): 1299-1306.

[68] Ramponi R, Osellame R. Two straightforward methods for the measurement of optical losses in planar waveguides[J]. Review of Scientific Instruments, 2002, 73(3): 1117-1120.

[69] Tittelbach G, Richter B, Karthe W. Comparison of three transmission methods for integrated optical waveguide propagation loss measurement[J]. Pure and Applied Optics: Journal of the European Optical Society Part A, 1993, 2(6): 683.

[70] Okamura Y, Yoshinaka S, Yamamoto S. Measuring mode propagation losses of integrated optical waveguides: A simple method[J]. Applied Optics, 1983, 22(23): 3892-3894.

[71] Boudrioua A, Loulergue J C. New approach for loss measurements in optical planar waveguides[J]. Optics Communications, 1997, 137(1-3): 37-40.

[72] Chan J, Hendry G, Bergman K, et al. Physical-layer modeling and system-level design of chip-scale photonic interconnection networks[J]. IEEE Transactions on Computer-Aided Design of Integrated Circuits and Systems, 2011, 30(10): 1507-1520.

[73] Subramanian A Z, Neutens P, Dhakal A, et al. Low-loss singlemode PECVD silicon nitride photonic wire waveguides for 532-900 nm wavelength window fabricated within a CMOS pilot line[J]. IEEE Photonics Journal, 2013, 5(6): 2202809.

[74] Swatowski B W, Amb C M, Breed S K, et al. Flexible, stable, and easily processable optical silicones for low loss polymer waveguides[C]//Organic Photonic Materials and Devices XV. International Society for Optics and Photonics, San Francisco, 2013, 8622: 862205.

[75] Dorin B A, Winnie N Y. Two-mode division multiplexing in a silicon-on-insulator ring resonator[J]. Optical Express, 2014, 22(4): 4547-4558.

[76] Vivien L, Polzer A, Marris-Morini D, et al. Zero-bias 40Gbit/s germanium waveguide photodetector on silicon[J]. Optics Express, 2012, 20(2): 1096-1101.

[77] Vivien L, Rouvière M, Fédéli J M, et al. High speed and high responsivity germanium photodetector integrated in a silicon-on-insulator microwaveguide[J]. Optics Express, 2007, 15(15): 9843-9848.

[78] Liao S, Feng N N, Feng D, et al. 36 GHz submicron silicon waveguide germanium photodetector[J]. Optics Express, 2011, 19(11): 10967-10972.

[79] Chen L, Lipson M. Ultra-low capacitance and high speed germanium photodetectors on silicon[J]. Optics Express, 2009, 17(10): 7901-7906.

[80] Piels M, Bowers J E. Photodetectors for Silicon Photonic Integrated Circuits[M]. Witney: Woodhead Publishing, 2016: 3-20.

[81] Assefa S, Xia F, Bedell S W, et al. CMOS-integrated high-speed MSM germanium waveguide photodetector[J]. Optics Express, 2010, 18(5): 4986-4999.

[82] Marris-Morini D, Virot L, Baudot C, et al. A 40 Gbit/s optical link on a 300-mm silicon platform[J]. Optics Express, 2014, 22(6): 6674-6679.

[83] Galland C, Novack A, Liu Y, et al. A CMOS-compatible silicon photonic platform for high-speed integrated opto-electronics[C]//Integrated Photonics: Materials, Devices, and Applications II International Society for Optics and Photonics, Grenoble, 2013.

[84] Assefa S, Xia F, Vlasov Y A. Reinventing germanium avalanche photodetector for nanophotonic on-chip optical interconnects[J]. Nature, 2010, 464(7285): 80.

[85] Harris N, Baehrjones T, Lim E J, et al. Noise characterization of a waveguide-coupled MSM photodetector exceeding unity quantum efficiency[J]. Journal of Lightwave Technology, 2012, 31(1): 23-27.

[86] Kang Y, Liu H D, Morse M, et al. Monolithic germanium/silicon avalanche photodiodes with 340 GHz gain–bandwidth product[J]. Nature Photonics, 2009, 3(1): 59.

[87] Gu H, Mo K H, Xu J, et al. A low- power low- cost optical router for optical networks- on- chip in multiprocessor systems-on-chip[C]//2009 IEEE Computer Society Annual Symposium on VLSI, Tampa, 2009: 19-24.

[88] Zhou L J, Djordjevic S S, Proietti R, et al. Design and evaluation of an arbitration-free passive optical crossbar for onchip interconnection networks[J]. Applied Physics A, 2009, 95(4): 1111-1118.

[89] Kazmierczak A, Bogaerts W, Drouard E, et al. Highly integrated optical 4 × 4 crossbar in silicon-on- insulator technology[J]. J Lightwave Technol, 2009, 27(16): 3317-3323.

[90] Ahn J, Fiorentino M, Beausoleil R G, et al. Devices and architectures for photonic chip-scale integration[J]. Applied Physics A, 2009, 95(4): 989-997.

[91] Batten C, Joshi A, Orcutt J, et al. Building many-core processor-to-DRAM networks with monolithic CMOS silicon photonics[J]. IEEE Micro, 2009, 29(4): 8-21.

[92] Kirman N, Martinez J F. A power-efficient all-optical on-chip interconnect using wavelength-based oblivious routing[J]. ACM Sigplan Notices, 2010, 45(3): 15-27.

[93] Hu T, Qiu H, Yu P, et al. Wavelength-selective 4 × 4 nonblocking silicon optical router for networks-on-chip[J]. Optics Letters, 2011, 36(23): 4710-4712.

[94] Tan X, Yang M, Zhang L, et al. A generic optical router design for photonic network-on-chips[J]. Journal of Lightwave Technology, 2012, 30(3): 368-376.

[95] Hu T, Shao H, Yang L, et al. Four-port silicon multi-wavelength optical router for photonic networks-on-chip [J]. IEEE Photonics Technology Letters, 2013, 25(23): 2281-2284.

[96] Luo Q Q, Zheng C T, Huang X L, et al. Polymeric N-stage serial-cascaded four-port optical router with scalable 3N channel wavelengths for wideband signal routing application[J]. Optical and Quantum Electronics, 2014, 46(6): 829-849.

[97] Ji R, Xu J, Yang L. Five-port optical router based on microring switches for photonic networks-on-chip[J]. IEEE Photonics Technology Letters, 2013, 25(5): 492-495.

[98] Calo G, Petruzzelli V. Wavelength routers for optical networks-on-chip using optimized photonic crystal ring resonators[J]. IEEE Photonics Journal, 2013, 5(3): 7901011.

[99] Zheng C T, Liang L, Ye W L, et al. Silica/polymer TIR optical switches and a proposal for nonblocking four-port routers[J]. IEEE Photonics Technology Letters, 2015, 27(6): 581-584.

[100] Shrestha V R, Lee H S, Lee Y G, et al. Silicon nitride waveguide router enabling directional power transmission[J]. Optics Communications, 2014, 331(22): 64-68.

[101] Li Z, Claver H. Compact wavelength-selective optical switch based on digital optical phase conjugation[J]. Optics Letters, 2013, 38(22): 4789-4792.

[102] Lee J H, Yoo J C, Han T H. System-level design framework for insertion-loss-minimized optical network-on-chip router architectures[J]. Journal of Lightwave Technology, 2014, 32(18): 3161-3174.

[103] Bergman K, Carloni L P, Biberman A, et al. Photonic Network-on-Chip Design [M]. New York: Springer , 2014.

[104] Liu L, Yang Y. Energy-aware routing in hybrid optical network-on-chip for future multi-processor system-on-chip[J]. Journal of Parallel and Distributed Computing, 2013, 73(2):189-197.

[105] Asadi B, Reshadi M, Khademzadeh A. A routing algorithm for reducing optical loss in photonic networks-on-chip[J]. Photonic Network Communications, 2017, 34(1): 52-62.

[106] Hou W, Guo L, Cai Q, et al. 3D torus ONoC: Topology design, router modeling and adaptive routing algorithm[C]//2014 13th International Conference on Optical Communications and Networks, Suzhou, 2014:1-4.

[107] Guo P, Hou W, Guo L. Designs of low insertion loss optical router and reliable routing for 3D optical network-on-chip[J]. Science China Information Sciences, 2016, 59(10):102302.

[108] Lee J H, Kim Y S, Li C L, et al. A shortest path adaptive routing technique for minimizing path collisions in hybrid optical network-on-chip[J]. Journal of Systems Architecture, 2013, 59(10):1334-1347.

[109] Fusella E, Flich J, Cilardo A. Path setup for hybrid NoC architectures exploiting flooding and standby[J]. IEEE Transactions on Parallel and Distributed Systems, 2016, 28(5): 1403-1416.

[110] Ahmed A B, Okuyama Y, Abdallah A B. Contention-free routing for hybrid photonic mesh-based network-on-chip systems[C]//2015 IEEE 9th International Symposium on Embedded Multicore/Many-core Systems-on-Chip, Turin, 2015:235-242.

[111] Barker K J, Benner A, Hoare R, et al. On the feasibility of optical circuit switching for high performance computing systems[C]//Proceedings of the 2005 ACM/IEEE Conference on Supercomputing, Seattle, 2005: 16.

[112] Yao S, Mukherjee B, Dixit S. Advances in photonic packet switching: An overview[J]. IEEE Communications Magazine, 2000, 38(2): 84-94.

[113] Shacham A, Lee B G, Biberman A. Photonic NoC for DMA communications in chip multiprocessors [C]//15th Annual IEEE Symposium on High-Performance Interconnects (HOTI 2007), Stanford, 2007: 29-38.

[114] Hendry G, Chan J, Kamil S, et al. Silicon nanophotonic network-on-chip using TDM arbitration [C]// Proceedings of the 2010 18th IEEE Symposium on High Performance Interconnects (HOTI), Washington, 2010: 88-95.

[115] Chan J, Bergman K. Photonic interconnection network architectures using wavelength-selective spatial routing for chip-scale Communications[J]. IEEE/OSA Journal of Optical Communications and Networking, 2012, 4(3): 189-201.

[116] Mo K H, Ye Y, Wu X, et al. A hierarchical hybrid optical-electronic network-on-chip[C]//2010 IEEE Computer Society Annual Symposium on VLSI, Lixouri, 2010: 327-332.

[117] Zhang L, Tan X, Yang M, et al. Circuit-switched on-chip photonic interconnection network [C]//The 9th International Conference on Group IV Photonics (GFP), San Diego, 2012: 282-284.

[118] Beecroft J, Addison D, Hewson D, et al. QSNET/sup II: defining high-performance network design[J]. IEEE Micro, 2005, 25(4): 34-47.

[119] Kistler M, Perrone M, Petrini F. Cell multiprocessor communication network: Built for speed[J]. IEEE Micro, 2006, 26(3): 10-23.

[120] Xie Y, Nikdast M, Xu J, et al. Formal worst-case analysis of crosstalk noise in mesh-based optical networks-on-chip[J]. IEEE Transactions on Very Large Scale Integration (VLSI)

Systems, 2013, 21(10): 1823-1836.

[121] Xie Y, Nikdast M, Xu J, et al. Crosstalk noise and bit error rate analysis for optical network-on-chip [C]//2010 47th ACM/IEEE Design Automation Conference, Anaheim, 2010: 657-660.

[122] Xie Y, Xu J, Zhang J, et al. Crosstalk noise analysis and optimization in 5×5 hitless silicon-based optical router for optical networks-on-chip (ONoC)[J]. Journal of Lightwave Technology, 2012, 30(1): 198-203.

[123] Lin B C, Lea C T. Crosstalk analysis for microring based optical interconnection networks[J]. Journal of Lightwave Technology, 2012, 30(15): 2415-2420.

[124] Nikdast M, Xu J, Wu X, et al. Systematic analysis of crosstalk noise in folded-torus-based optical networks-on-chip[J]. IEEE Transactions on Computer-Aided Design of Integrated Circuits and Systems, 2014, 33(3): 437-450.

[125] Nikdast M, Xu J, Duong L H K, et al. Fat-tree-based optical interconnection networks under crosstalk noise constraint[J]. IEEE Transactions on Very Large Scale Integration (VLSI) Systems, 2015, 23(1): 156-169.

[126] Padmaraju K, Zhu X, Chen L, et al. Intermodulation crosstalk characteristics of WDM silicon microring modulators[J]. IEEE Photonics Technology Letters, 2014, 26(14): 1478-1481.

[127] Nikdast M, Xu J, Duong L H K, et al. Crosstalk noise in WDM-based optical networks-on-chip: A formal study and comparison[J]. IEEE Transactions on Very Large Scale Integration (VLSI) Systems, 2014, 23(11): 2552-2565.

[128] Duong L H K, Nikdast M, Beux S L, et al. A case study of signal-to-noise ratio in ring-based optical networks-on-chip[J]. IEEE Design & Test, 2014, 31(5): 55-65.

[129] Duong L H K, Nikdast M, Xu J, et al. Coherent crosstalk noise analyses in ring-based optical interconnects[C]//Proceedings of the 2015 Design, Automation & Test in Europe Conference & Exhibition. EDA Consortium, Grenoble, 2015: 501-506.

[130] Duong L H K, Wang Z, Nikdast M, et al. Coherent and incoherent crosstalk noise analyses in interchip/intrachip optical interconnection networks[J]. IEEE Transactions on Very Large Scale Integration Systems, 2016, 24(7):1-13.

[131] Ding W, Tang D, Liu Y, et al. Compact and low crosstalk waveguide crossing using impedance matched metamaterial[J]. Applied Physics Letters, 2010, 96(11): 111-114.

[132] Zhang Y, Yang S, Lim A E J, et al. A CMOS-compatible, low-loss, and low-crosstalk silicon waveguide crossing[J]. IEEE Photonics Technology Letters, 2013, 25(5): 422-425.

[133] Xie Y Y, Zhao W L, Xu W H, et al. Performance optimization and evaluation for mesh-based optical networks-on-chip[J]. IEEE Photonics Journal, 2015, 7(4): 1-12.

[134] Xie Y, Xu W, Zhao W, et al. Performance optimization and evaluation for torus-based optical networks-on-chip[J]. Journal of Lightwave Technology, 2015, 33(18): 3858-3865.

[135] Beux S L, Li H, O'Connor I, et al. Chameleon: Channel efficient optical network-on-chip [C]// Proceedings of the 2014 Design, Automation & Test in Europe Conference & Exhibition, Dresden, 2014: 1-6.

[136] Shabani H, Roohi A, Reza A, et al. Loss-aware switch design and non-blocking detection

algorithm for intra-chip scale photonic interconnection networks[J]. IEEE Transactions on Computers, 2016, 65(6): 1789-1801.

[137] Bai L, Gu H, Yang Y, et al. A crosstalk aware routing algorithm for Benes ONoC[J]. IEICE Electronics Express, 2012, 9(12): 1069-1074.

[138] Fusella E, Cilardo A. Crosstalk-aware mapping for tile-based optical network-on-chip [C]//2015 IEEE 17th International Conference on High Performance Computing and Communications, New York, 2015: 1139-1142.

[139] Chittamuru S V R, Pasricha S. Crosstalk mitigation for high-radix and low-diameter photonic NoC architectures[J]. IEEE Design & Test, 2015, 32(3): 29-39.

[140] Chittamuru S V R, Pasricha S. Improving crosstalk resilience with wavelength spacing in photonic crossbar-based network-on-chip architectures[C]//2015 IEEE 58th International Midwest Symposium on Circuits and Systems, Fort Collins, 2015: 1-4.

[141] Chittamuru S V R, Thakkar I G, Pasricha S. Process variation aware crosstalk mitigation for DWDM based photonic NoC architectures[C]//2016 17th International Symposium on Quality Electronic Design (ISQED), Santa Clara, 2016: 57-62.

[142] Dokania R K, Apsel A B. Analysis of challenges for on-chip optical interconnects[C]// Proceedings of the 19th ACM Great Lakes symposium on VLSI, Boston Area, 2009: 275-280.

[143] Mohamed M, Li Z, Chen X, et al. Power-efficient variation-aware photonic on-chip network management[C]//Proceedings of the 16th ACM/IEEE International Symposium on Low-Power Electronics and Design, Austin, 2010: 31-36.

[144] Li Z, Mohamed M, Chen X, et al. Reliability modeling and management of nanophotonic on-chip networks[J]. IEEE Transactions on Very Large Scale Integration Systems, 2012, 20(1):98-111.

[145] Li H, Gu H, Yang Y, et al. Impact of thermal effect on reliability in optical network-on-chip[J]. Optik-International Journal for Light and Electron Optics, 2013, 124(20):4172-4176.

[146] Ye Y, Xu J, Wu X, et al. System-level modeling and analysis of thermal effects in optical networks-on-chip[J]. IEEE Transactions on Very Large Scale Integration Systems, 2012, 21(2): 292-305.

[147] Ye Y, Wang Z, Yang P, et al. System-level modeling and analysis of thermal effects in WDM-based optical networks-on-chip[J]. IEEE Transactions on Computer-Aided Design of Integrated Circuits and Systems, 2014, 33(11): 1718-1731.

[148] Manipatruni S, Dokania R K, Schmidt B, et al. Wide temperature range operation of micrometer-scale silicon electro-optic modulators[J]. Optics Letters, 2008, 33(19): 2185-2187.

[149] Biberman A, Sherwood-Droz N, Lee B G, et al. Thermally active 4×4 non-blocking switch for networks-on-chip [C]//LEOS 2008-21st Annual Meeting of the IEEE Lasers and Electro-Optics Society, Newport Beach, 2008: 370-371.

[150] Djordjevic S S, Shang K, Guan B, et al. CMOS-compatible, athermal silicon ring modulators clad with titanium dioxide[J]. Optics Express, 2013, 21(12):13958-13968.

[151] Padmaraju K, Chan J, Chen L, et al. Thermal stabilization of a microring modulator using feedback control[J]. Optics Express, 2012, 20(27): 7999-8008.

[152] Mohamed M, Li Z, Chen X, et al. Reliability-aware design flow for silicon photonics On-chip interconnect[J]. IEEE Transactions on Very Large Scale Integration Systems, 2013, 22(8): 1763-1776.

[153] Li Z, Qouneh A, Joshi M, et al. Aurora: A cross-layer solution for thermally resilient photonic network-on-chip[J]. IEEE Transactions on Very Large Scale Integration Systems, 2014, 23(1):170-183.

[154] Chittamuru S V R, Pasricha S. SPECTRA: A framework for thermal reliability management in silicon-photonic networks-on-chip[C]//The 29th International Conference on VLSI Design and the 15th International Conference on Embedded Systems, Kolkata, 2016: 86-91.

[155] Zheng Y, Lisherness P, Gao M, et al. Power-efficient calibration and reconfiguration for optical network-on-chip[J]. Journal of Optical Communications & Networking, 2012, 4(12):955-966.

[156] Zhang T, Abellán J L, Joshi A, et al. Thermal management of manycore systems with silicon-photonic networks[C]//Proceedings of the 2014 Design, Automation & Test in Europe, Dresden, 2014: 307.

[157] Xu Y, Yang J, Melhem R. Bandarb: Mitigating the effects of thermal and process variations in silicon-photonic network [C]//Proceedings of the 12th ACM International Conference on Computing Frontiers, Ischia, 2015: 30.

[158] Li H, Fourmigue A, Beux S L, et al. Thermal aware design method for VCSEL-based on-chip optical interconnect[C]//Proceedings of the 2015 Design, Automation & Test in Europe Conference & Exhibition, Grenoble, 2015.

[159] Beigi M V, Memik G. Therma: Thermal-aware run-time thread migration for nanophotonic interconnects[C]//Proceedings of the 2016 International Symposium on Low Power Electronics and Design, San Francisco, 2016: 230-235.

[160] Büter W, Huang Y, Gregorek D, et al. A decentralised, autonomous, and congestion-aware thermal monitoring infrastructure for photonic network-on-chip[C]//The 10th International Symposium on Reconfigurable Communication-centric Systems-on-Chip, Bremen, 2015: 1-8.

[161] Li H, Fourmigue A, Beux S L, et al. A thermal-aware laser tuning approach for silicon photonic interconnects[C]//The 2nd International Workshop on Optical/Photonic Interconnects for Computing Systems, Dresden, 2016.

第 2 章　片上光路由器的研究及发展现状

2.1　基本光交换单元

得益于硅基光电子技术的不断进步，研究人员利用微环谐振器(microring resonator，MR)、马赫-曾德尔干涉仪(Mach-Zehnder interferometer，MZI)、等离子体等不同器件设计了结构多样的片上光路由器。每个光路由器一般由多个基本光交换单元及连接这些基本交换单元的光波导组成，通过不同类型的组合、不同位置的排列及各个端口的连接，搭建出适合不同拓扑结构的片上光路由器。

2.1.1　基于微环谐振器的基本光交换单元

微环谐振器一般制作在 SOI 衬底上，直径为 3～10μm，开关转换时间可达到皮秒量级，可实现对光波长的调制、滤波以及路由等功能[1]。随着平面工艺的不断提高，微环谐振器凭借其良好的滤波特性、紧凑的器件结构和多样化的功能，成为构建各种光学器件乃至复杂的集成光子系统的理想单元。图 2.1 给出了一种平行结构的微环谐振器，以此为例对基本光交换单元的原理进行说明。

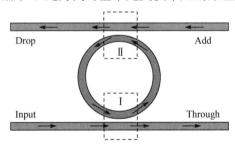

图 2.1　平行基本光交换单元

光从 Input 端口进入，到达耦合区Ⅰ，部分光从直波导耦合到环形波导中，剩余光沿直波导继续传输至 Through 端口。耦合至环形波导中的光逆时针传输约半周后，到达另一个耦合区Ⅱ，部分光从环波导耦合到另一根直波导中输至 Drop 端口，剩余光传输回到耦合区Ⅰ。

若光在环形波导中传输一周的相位差为 2π 的整数倍，则在耦合区Ⅰ和耦合

区 Ⅱ 都将发生光的相干加强，绝大部分光被耦合到相邻波导中，即光从 Input 端口进入后，绝大部分光先被耦合到环形波导中，再被耦合到另一直波导中，最后从 Drop 端口输出，只有一小部分光从 Through 端口输出。对于该波长的光信号来说，此时微环谐振器处于谐振状态、基本光交换单元处于开启状态。

若在环中传输一周的相位差不满足 2π 整数倍的条件，光从 Input 端口输入后，大部分光会从 Through 端口输出，只有一小部分光从 Drop 端口输出，对于该波长的光信号来说，微环谐振器处于非谐振状态、基本光交换单元处于关闭状态。

基本光交换单元的开启状态取决于光在环形波导中的相位差，可用公式[2]表达如下

$$\Phi = \beta 2\pi R = m2\pi，m 为正整数 \tag{2.1}$$

式中，Φ 表示相位差，β 为传播常数，R 为环波导半径。传播常数 β 与有效折射率 n_{eff}、波矢 λ 存在关系 $n_{\text{eff}} = \dfrac{\beta}{\dfrac{2\pi}{\lambda}}$，将此关系式代入上式，可得到微环谐振器的谐振方程

$$\lambda = \frac{n_{\text{eff}} 2\pi R}{m}$$

若存在一个整数 m，使光的波长和环波导的尺寸满足上述关系式，则该波长就能在该微环谐振器发生谐振，基本光交换单元则处于开启状态。

在芯片制作完成后，微环谐振器材料、尺寸不能改变，因此谐振波长只能通过改变折射率的方式来实现。常用的改变微环谐振器折射率的方式有两种，基于硅的热光效应外置加热器如图 2.2，或基于硅的等离子色散效应外加电压，这两种方式可以动态控制微环谐振器的谐振状态，进而实现基本光交换单元的开启或关闭。

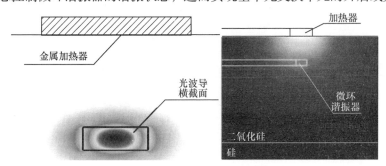

图 2.2　外部加热器控制下的微环谐振器[3]

2.1.2　基于马赫-曾德尔干涉仪的基本光交换单元

马赫-曾德尔干涉仪是搭建调制器、光交换单元和滤波器等结构的经典光学器件，在带宽以及工艺制作方面比微环谐振器更具优势[4]。MZI 基本结构一般由两个

3dB 耦合器和两个相移臂组成，如图 2.3 所示。

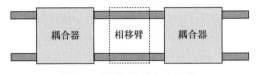

图 2.3　马赫-曾德尔光开关

3dB 耦合器可采用 Y 分支结构、定向耦合器、多模干涉器等。基于多模干涉器(MMI)的 MZI 光开关是一种比较典型的结构[5]，该结构的优点有：①工艺简单、成本低；②结构紧凑、制作容差大，易于级联成大规模开关矩阵；③开关时间可以达到微秒量级，采用电光调制时甚至可以达到纳秒量级；④带宽高、偏振敏感度低，适用于密集波分复用(DWDM)系统。

基于 MZI 的基本光交换单元具体工作原理[6]如下：当入射光从 port 1 或者 port 2 端口输入，经过第一个耦合器后，均分为强度相等、相位相同的两束光，分别进入两个相移臂；此时，在相移臂处，通过外加电压或加热的方式，改变相移臂内部载流子浓度分布，进而引起调制区的折射率发生变化，使得两相移臂中的光信号产生光程差；两相移臂中的光在后一个耦合器中合束，而两束光的光程差决定了合束光的输出端口，即从 port 3 或者 port 4 端口输出，MZI 结构的开关状态如图 2.4 和图 2.5 所示。

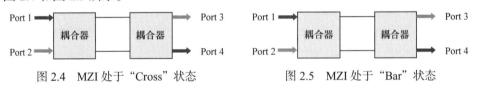

图 2.4　MZI 处于"Cross"状态　　　　图 2.5　MZI 处于"Bar"状态

芯片制作完成后，相移臂的材料以及尺寸参数无法改变，所以一般通过控制单元加电或加热的方法，如图 2.6 所示，来实现 MZI 结构中的上下两臂中光程差的改变，进而实现光路在两个输出端口间的切换，即光开关功能。

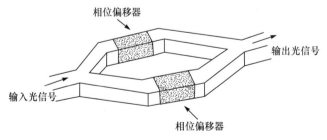

图 2.6　MZI 及控制单元[7]

基于 MZI 的光交换芯片具有较大的带宽以及良好的抗干扰能力，能够很好地承受住硅光芯片温度漂移引起的误差，而且对芯片驱动电路的控制精度要求并不苛刻。但由于相移臂长度的问题，基于 MZI 的光交换芯片尺寸通常相对较大。

2.1.3　基于等离子体的基本光交换单元

　　应用于光交换单元的等离子体技术能够减小光交换单元尺寸、降低交换时延、降低能耗，使得构建面积小、频率高、能耗低的光路由器成为可能。由于等离子体特殊的物理特性，基于等离子体的基本光交换单元面积能够降低到 μm² 数量级，能耗能够降低到 fJ/bit 的数量级，器件尺寸和能耗大大降低[8]。

　　基于等离子体的基本光交换单元的交换原理如图 2.7 所示。交换单元包括两根硅波导和基于等离子体的定向耦合器。定向耦合器是电压敏感的氧化铟锡(ITO)模块，具有"开"和"关"状态。如图 2.7(a)所示，当定向耦合器两端加上偏置电压时，交换单元处于"关"状态，Port 1 输入的光信号从 Port 3 输出，Port 2 输入的光信号从 Port 4 输出。如图 2.7(b)所示，当定向耦合器两端不加偏置电压时，此时交换单元处于"开"状态，Port 1 输入的光信号从 Port 4 输出，Port 2 输入的光信号从 Port 3 输出。其能耗为 0.11 fJ/bit，面积为 2.45 μm²[9]，如图 2.8 所示。

(a) 等离子体交换单元处于闭合状态　　(b) 等离子体交换单元处于交换状态

图 2.7　基于等离子体的基本光交换单元的交换原理

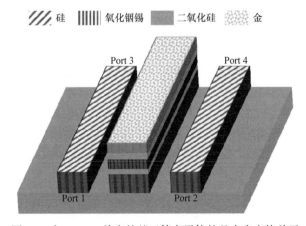

图 2.8　与 CMOS 兼容的基于等离子体的基本光交换单元

　　华盛顿大学 Ye 等[9]研制了一种与 CMOS 兼容的基于等离子体的基本光交换单元，它由两个硅波导以及电压控制的等离子体组成。与图 2.8 相比，该交换单元使用了一层二氧化硅和一层金属铝作为电接触层。通过调控等离子体中 ITO 层的载流子密度，交换单元完成"开"和"关"状态的切换。该器件面积为 4.8μm²，"开"状态的插入损耗为 1.3dB、消光比为 17.6dB，闭合状态的插入损耗为 2.4dB、消光比为 7.2dB。该开关每比特的平均功耗为 0.1～0.23fJ，满足未来大规模高效交换芯片的低功耗要求。

Sun 等[10]设计并分析了基于等离子体的基本光交换单元的无阻塞 5 端口片上光路由器(见图 2.9)，该光路由器采用混合光子-等离子体的集成技术，利用 ITO 电压敏感的特性，通过级联 2×2 基本光交换单元实现光交换，面积仅为 200μm²。该路由器的交换单元响应时间为 0.1ns。在 CWDM 和 DWDM 情况下，能效分别为 1.0 fJ/bit 与 0.1 fJ/bit。与基于 MR 或 MZI 的光路由器相比，该路由器理论上的 3dB 带宽超过 100nm，其香农信道容量高达 2Tbps。基于等离子体的片上光路由器在面积、能效、带宽等方面性能优势明显，是片上光互连解决方案的选择之一。

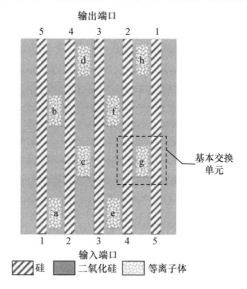

图 2.9　基于等离子体的无阻塞 5×5 光片上交换单元

2.2　片上光路由器

研究人员设计光路由器时应考虑网络级的拓扑结构、路由算法、流量特征等因素，首先确定路由器种类，进而通过光波导和微环谐振器、MZI、等离子体等器件构建光路由器架构，对阻塞、损耗、面积等性能进行分析并进一步优化结构。本节将介绍当前常见的片上光路由器的基本结构与工作原理，常见的片上光路由器一般分为单波长光路由器与多波长光路由器两种。接收单一波长的输入光信号，通过动态切换基本光交换单元不同状态从而实现交换的片上光路由器，称为单波长光路由器，主要应用于基于电路交换的片上光互连；接收多种波长的输入光信号，利用不同物理特性的基本光交换单元实现对不同波长选择性路由的片上光路由器，称为多波长光路由器，主要应用于基于波长路由的片上光互连。光片上网络中基于单波长的光路由器和基于多波长的光路由器的优缺点对比如表 2.1 所示。单波长光路由器需要通过变化电压进行电光调制或者变化泵浦功率进行热光调制，实现基本交换单元的 on/off 状态切换，控制复杂，功耗较大；而多波长光路由器只需要将微环谐振器的谐振波长维持在一个固定数值，控制简单，功耗较小。虽然多波长光路由器的静态路由保障了网络的热功率性能，但随着路由器端口数的增加，该类光路由器需要的光源数量不断增长、波长分配难度逐渐变大。

表 2.1　单波长与多波长光路由器对比

性能对比	单波长光路由器	多波长光路由器
响应时间	长	短
功耗	大	小
控制复杂度	难	易
使用 WDM 增加带宽	波长分配简单	波长分配复杂
限制因素	控制精确性	片上可用波长数

2.2.1　单波长片上光路由器

单波长路由器中使用单一波长传输信息，不同通信节点对间的通信信息不能同时在相同的光链路中传输，因此需要解决不同通信节点对路径的竞争。片上光路由器除了保证每个输入端口都能与其他方向输出端口进行通信外，还需要考虑路径冲突与阻塞问题。

有无阻塞是衡量路由器性能的重要标准之一，无阻塞路由器一般可以分为严格无阻塞型、可重配置无阻塞型以及广义无阻塞型三种。严格无阻塞型路由器可以在任何情况下，为任意一对空闲的输入输出端口建立内部连接实现信息交换。可重配置无阻塞型路由器是通过调整已建立的端口对的内部通信路径，实现新的输入和输出端口的连接。广义无阻塞型路由器是在使用特定调度算法下实现无阻塞传输。本书提到的无阻塞路由器一般指的都是严格无阻塞类型。

除阻塞性能外，损耗、串扰以及芯片尺寸等也是光路由器结构中重点关注的性能参数。通过减少波导交叉数量、减少基本光交换单元数量、调整波导布局等方式能有效优化光路由器性能，同时可以结合不同应用需求，实现针对特定场景的光路由器设计。

2008 年，哥伦比亚大学研究组和康奈尔大学研究组提出一种严格无阻塞的 4 端口片上光路由器[3]。如图 2.10 所示，该光路由器由 4 根光波导、8 个微环谐振器组成，各个微环谐振器尺寸相同、谐振波长一致。West、South、East、North 四个端口对分别用于互连西、南、东、北 4 个方向。该路由器结构中，任意一对输入输出端口对应特定的微环谐振器建立连接或通过波导直接相连。如 West 端口与 East 端口通信时，启动微环谐振器 R5，沿途经过的微环谐振器 R1、R7 都处于关闭状态。光信号自 West 端口输入波导处注入，在开启的微环谐振器 R5 处发生耦合，转向 East 端口输出，完成 West 端口向 East 端口的路由过程。同时，South 端口与 North 端口的路由通信可通过开启微环谐振器 R3 实现；North 端口与 West 端口的通信可通过开启微环谐振器 R2 实现；East 端口与 South 端口的通信可通过开启微环谐振器 R8 实现。不同端口对之间的通信不存在对微环谐振器开闭状态的控制冲突，也无路径的竞争问题，实现了 4×4 严格无阻塞连接特性。

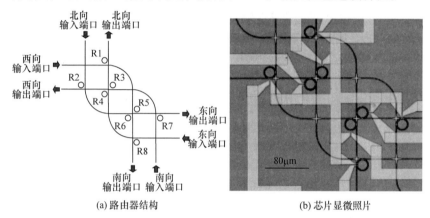

(a) 路由器结构　　　(b) 芯片显微照片

图 2.10　哥伦比亚大学 4 端口片上光路由器[3]

该结构基于 SOI 技术制作的芯片尺寸为 0.07mm²，微环半径为 10μm。各个微环谐振器通过由镍铬合金薄膜制成的微型加热器，由直流电流供电进行单独调谐，调谐效率为 0.25 nm/mW。各路径的消光比最大超过 20dB，最高带宽达 38.5GHz。

光路由器结构中的波导交叉不仅会引起传输损耗和回波损耗，而且将引入串扰信号，因此设计路由器时应降低波导交叉数量，优化插入损耗以及串扰性能。2011 年，中国科学院半导体研究所 Ji 等[11]提出的严格无阻塞的 4 端口片上光路由器，使用了 4 个基于微环谐振器的平行型基本光交换单元，将波导交叉数目减少为 6 个，相比于哥伦比亚大学的方案[3]交叉数目降低了 40%。如图 2.11(a)所示，该光路由器结构包含了 4 根波导和 8 个微环谐振器，在满足无阻塞性能的同时，具有更优的插入损耗以及串扰性能。如 West 端口与 South 端口通信时，启动微环谐振器 R1，利用平行型基本光交换单元对 West 端口注入的光信号进行耦合，使信号转向 South 端口输出。图 2.11(b)展示了该 4 端口光路由器的实际芯片显微照片，每个微环的半径均为 10μm。测试采用 12.5Gbps 伪随机序列非归零码调制 1548.1nm 光信号，实验表明，路径串扰不超过−13dB，平均调谐效率为 5.398mW/nm，光开关的总功耗仅为 10.37mW。

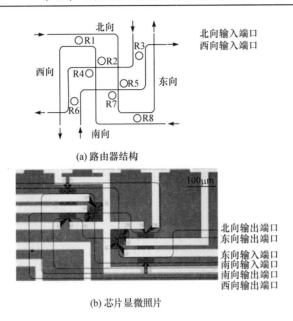

(a) 路由器结构

(b) 芯片显微照片

图 2.11　Ji 等提出的 4 端口片上光路由器[11]

在光路由器结构中，当光信号在微环处耦合或经过时，会在微环的内壁发生散射，产生相对较大的微环耦合损耗及经过损耗，因此减少传输路径中光信号被微环耦合的次数以及经过的微环谐振器数目，可以有效降低损耗。此外，由于基本光交换单元在整个光路由器结构中面积占比较大，降低微环谐振器数量可以有效缩小芯片尺寸，同时降低微环谐振器控制电路复杂度。

Yang 等[12]设计了可重配置无阻塞的 4 端口光路由器，如图 2.12(a)所示，该结构仅包含了 4 个微环谐振器以及 4 个波导交叉点，通过复用微环谐振器实现不同端口之间的通信，在芯片功耗、面积以及损耗性能上具有很好的性能表现。

例如 I_2 端口与 O_3 端口通信时，微环谐振器 MR_2 和 MR_3 处于关闭状态，启动微环谐振器 MR_4 对 I_2 端口注入的光信号进行耦合，使信号转向 O_3 端口输出。若在 I_2 端口与 O_3 端口通信的同时，需要建立 I_3 端口与 O_1 端口的通信，则对微环谐振器重新配置，启动微环谐振器 MR_1、MR_2、MR_3，关闭微环谐振器 MR_4：由 I_3 端口注入的光信号在微环谐振器 MR_2 处耦合，转向 O_1 端口输出；由 I_2 端口注入的光信号依次在微环谐振器 MR_2、MR_1 和 MR_3 处耦合，转向 O_2 端口输出。较大的微环半径可以带来较小的自由光谱范围(free spectral range，FSR)[13]，可更充分利用波长组以获得更高的带宽，但也会导致芯片面积增大。该结构权衡了带宽和芯片尺寸两方面的因素，采用了半径为 20μm 的微环谐振器，此时 FSR 为 5nm，可复用 C 波段(1525～1565nm)范围内的 8 个波长，图 2.12(b)展示了该结构的芯片显微照片。

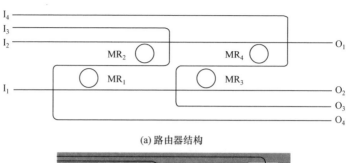

(a) 路由器结构

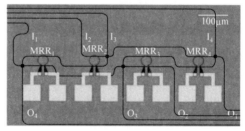

(b) 芯片显微照片

图 2.12　Yang 等提出的 4 端口片上光路由器[12]

当光信号经过光波导交叉和微环谐振器时，由于光波导交叉以及微环谐振器制作工艺的不完美性，光信号的一部分能量会不可避免地泄漏到其他信号中，从而形成其他信号的串扰噪声。尽管串扰噪声在器件级很小，但是随着网络规模的扩大，路径中噪声的累积对网络级的误比特率、信噪比等性能有显著影响。研究结果表明，如果要求信号的误码率低于 10^{-9}，则基于 Crossbar 路由器构成的 Mesh 网络规模最大不能超 6×6[14]。Xie 等设计的光路由器 Crux[14](图 2.13)，通过结构优化降低路由器级串扰，提高信噪比，能够确保该路由器构成 Mesh 网络扩大到 8×8 规模时，仍满足误码率要求。文献[15]通过对器件级和路由器级串扰噪声的详细分析，提出了一种一般化模型，用于分析 5×5 光路由器的传输损耗、串扰噪声、光学信噪比以及误码率等，利用 60°、120°代替传统的 90°波导交叉，优化 5 端口的 Crossbar 及 Cygnus 路由器，改善了信噪比和误码率性能。

Mesh/Torus 网络由于结构简单而广泛应用于光片上网络中，由于路由器需要实现与东西南北四个方向的相邻节点以及本地 IP 核进行交换，因此 5 端口光路由器更适用于 Mesh/Torus 拓扑中。Ji 等[16]在 4 端口路由器的基础上，增加两根波导构建一种 5 端口无阻塞光路由器，如图 2.14 所示，该光路由器使用了 16 个微环谐振器、6 根波导和 2 个波导终端，交换结构中的各个微环谐振器尺寸相同、谐振波长一致。5 个端口中 West、South、East、North 端口分别用于互连西、南、东、北向的光路由器，Center 端口用于互连本地 IP 核，实现了 5×5 严格无阻塞连接。芯片测试表明，单链路传输带宽达到 12.5Gbps，3dB 带宽大于 0.31nm(约 38GHz)。

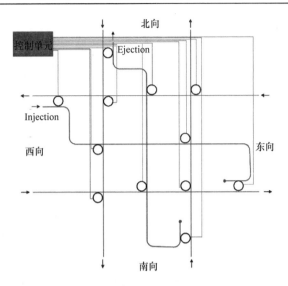

图 2.13　Crux 片上光路由器结构[14]

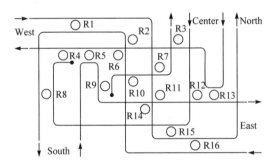

图 2.14　Ji 等设计的 5 端口片上光学路由器结构[16]

2016 年，Jia 等[17]提出的 5 端口无阻塞光路由器，如图 2.15(a)所示，采用了同一微环谐振器实现转向 90° 与 270° 的复用方法，例如 I_5 端口与 O_1 端口通信时，启动微环谐振器 S_6 对 I_5 端口注入的光信号进行耦合，使信号转向 270° 从 O_1 端口输出；I_2 端口与 O_4 端口通信时，同样启动微环谐振器 S_6 使信号转向 90° 从 O_4 端口输出，沿途经过的微环谐振器 S_1、S_3、S_7、S_8 均处于关闭状态。通过合理分配光信号路径，该光路由器仅采用 8 个微环谐振器实现 5 端口无阻塞交换，与相同端口数的其他光路由器相比，微环数量减少 50%。如图 2.15(b)展示了该结构的实际芯片结构图，芯片尺寸为 600μm×800μm，微环半径均为 20μm，可复用 C 波段内的 8 个波长。用 32Gbps 数字信号调制光信号进行测试，结果表明，所有光路径的信噪比均超过 11dB，光信号传输能效比为 68.2fJ/bit，光路由器响应时间约为 20μs。

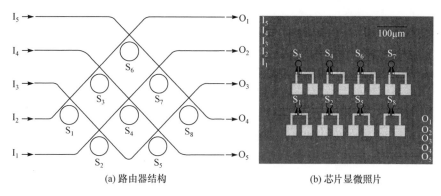

(a) 路由器结构　　　　　　　　　　　(b) 芯片显微照片

图 2.15　Jia 等提出的 5 端口片上光路由器[17]

随着片上 IP 核数目不断增长，基于平面拓扑结构的光片上网络面积不断扩大，但芯片的整体面积制约了网络规模的扩展，三维立体拓扑结构可以很好地解决这一问题。结合三维堆叠集成技术的 3D 光片上网络可以减小芯片面积、缩短物理连线、降低数据传输时延和能耗[18]。支持 3D 光片上网络的光路由器除了东南西北和本地的 5 个端口还需要连接上下两方向的端口。Ye 等[19]设计的适用于 3D Mesh 光片上网络的 7×7 无阻塞路由器，如图 2.16 所示，该路由器共使用了 7 根波导、

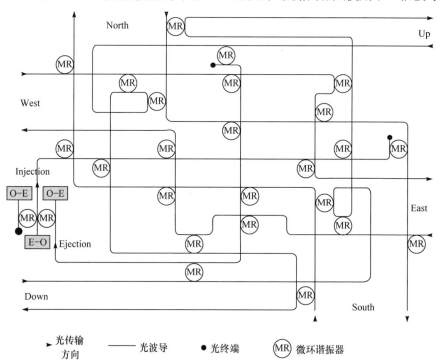

▶ 光传输　　── 光波导　　● 光终端　　(MR) 微环谐振器
　方向

图 2.16　Ye 等提出的 7 端口路由器结构原理图[19]

26 个微环谐振器和 3 个波导终端，连接层内端口 South、North、East、West、层间互连端口 Up、Down 与本地端口 Injection/Ejection。该路由器中直行方向端口间通过波导直接相连，减少耦合损耗，在同一层内传输信息时，从 South 端口输入的光信号通过光波导直接到达 North 端口的输出端，途中不需要经过微环谐振器耦合；在不同层传输信息时，Up 端口的输入通过波导直接连接 Down 端口的输出。

不同光片上网拓扑结构中对光路由器端口数目的要求不同，与上述设计定制端口数光路由器不同，Min 等[20]从理论上分析了基于微环谐振器的 N 端口光路由器设计原理，提出了通用的 N 端口光路由器设计方法。

对于 N 端口的无阻塞光路由器，如图 2.17 所示，任意光波导连接两个相邻的端口，整个光路由器需要 N 条波导。为实现与其他端口的信息交换，每根波导为了向其他波导传输光信号而形成的导出点个数至少为 $N-2$，如图中标注 D 的微环谐振器及相邻波导；每根波导为了从其他波导接收光信号而形成的导入点个数也

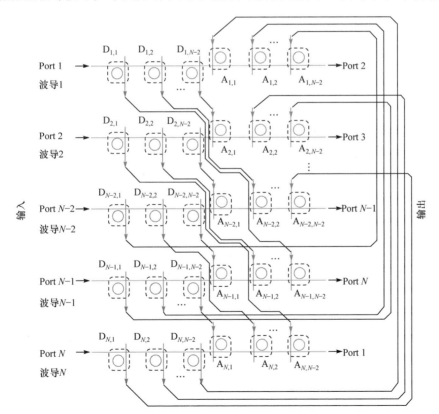

图 2.17　无阻塞光路由器的理论模型[20]

至少为 $N–2$，如图中标注 A 的微环谐振器及相邻波导。例如 Port1 与 Port3 的通信，从 Port1 输入的光信号，在微环谐振器 $D_{1,N-2}$ 处从波导 1 导出，再通过微环谐振器 $A_{2,1}$ 注入光波导 2，从 Port3 输出。当每根波导上的所有导出点都在导入点之前时，该光路由器满足无阻塞交换特性。

基于该理论模型，研究人员进一步设计了 N 端口光学路由器通用构造方法，该种 N 端口光学路由器由 N 根光波导和 $N \times (N–2)$ 个基本光交换单元构成，其中基本光交换单元既可以由微环谐振器也可由 MZI 构成。图 2.18 给出基于微环谐振器的光开关构建的 5,6,7,8 端口光路由器结构，不同端口数的无阻塞光学路由器可以满足不同片上光网络拓扑需要。以 5 端口结构为例，信号由上方端口的右侧波导输入时，上方端口和左上方端口通过光波导直接连接，该波导竖直方向上的三个微环谐振器分别为右上端口、右下端口和左下端口的信号导出点，该波导弯曲段的三个微环谐振器分别为右上端口、右下端口和左下端口的信号导入点。

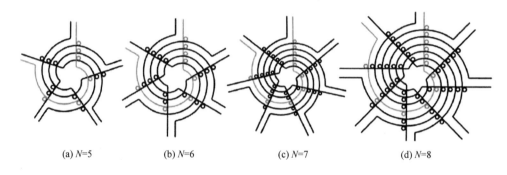

(a) $N=5$ (b) $N=6$ (c) $N=7$ (d) $N=8$

图 2.18 基于微环谐振器的 N 端口无阻塞光路由器[20]

2.2.2 多波长片上光路由器

单波长片上光路由器通过实时控制基本交换单元的状态实现信息的交换，对控制电路及元器件响应时间要求较高。多波长光路由器接收多种波长的输入光信号，通过基本光交换单元的滤波特性实现对不同波长选择性路由，不需要动态调整基本交换单元的谐振波长，能耗较低。

Tan 等利用多个不同谐振波长的微环谐振器设计了一种具有扩展性的无阻塞路由器 GWOR[21]。为了实现严格无阻塞路由，GWOR 路由器为不同通信节点对分配不同波长实现信息的路由，任意一个输入端口通过不同波长分别与不同输出端口通信，任意一个输出端口收到来自于不同输入端口的信号所使用波长也不相同。通过同余算法对任意输入输出端口对之间通信所使用的微环谐振器的耦合波长进行分配，在保证交换单元严格无阻塞的同时，最大程度复用波长资源。

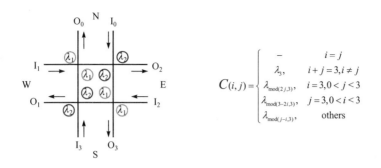

图 2.19　4 端口 GWOR 结构与其波长计算公式[21]

4 端口 GWOR 使用 4 根波导和 8 个微环谐振器，利用两种耦合波长实现交换功能，其中任一输入端口利用 3 种波长的光信号与其他各个端口通信，而任一输出端口接收 3 种波长的光信号以区别信号来源。如图 2.19 所示，4 端口 GWOR 中的 4 根光波导呈井字排布，在每个交叉点的对角分别放置两个微环谐振器。输入端口 I_i 与输出端口 O_j 之间通信所用波长由波长计算公式确定，如输入端口 I_1 与输出端口 O_0，$j=0$，$\mathrm{mod}(1,3)=1$，采用 λ_1 波长；输入端口 I_2 与输出端口 O_1，$i+j=3$，采用 λ_3 波长；输入端口 I_3 与输出端口 O_3，$i=j$，无法进行 U 型转向。图 2.20 给出了在此基础上扩展的 5 端口与 8 端口 GWOR。在 5 端口 GWOR 结构中，输入端口 I_1 与输出端口 O_0，$i=1$，$j=0$，$\mathrm{mod}(-1,5)=4$，采用 λ_4 波长；在 8 端口 GWOR 结构中，输入端口 I_1 与输出端口 O_0，$i=1$，$j=0$，$\mathrm{mod}(8-1-2,7)=5$，采用 λ_5 波长。

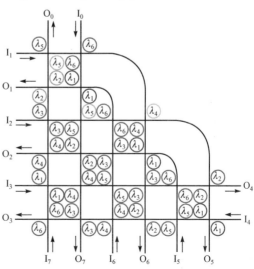

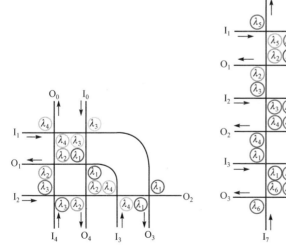

(a) 5 端口 GWOR 结构　　　　　　　　　　　(b) 8 端口 GWOR 结构

$$C(i,j) = \begin{cases} - & i = j \\ \lambda_{\mod(j-i,N)}, & others \end{cases}$$

$$C(i,j) = \begin{cases} - & i = j \\ \lambda_{N-1}, & i+j = N-1, i \neq j \\ \lambda_{\mod(2j,N-1)}, & i = N-1, 0 < j < N-1 \\ \lambda_{\mod(N-1-2i,N-1)}, & j = 0, 0 < i < N-1 \\ \lambda_{\mod(j-i,N-1)}, & others \end{cases}$$

(c) 奇数端口 GWOR 结构波长计算公式   (d) 奇数端口 GWOR 结构波长计算公式

图 2.20   GWOR 扩展结构与相应的波长计算公式[21]

相比于相同端口数的光路由器 Crossbar、Reduced Crossbar、Hitless Router、WRON、λ-Router 等结构，GWOR 结构使用的微环谐振器数量最少、最大插入损耗和平均插入损耗最小[22]。研究人员以 4 端口结构为基本结构，使用可以耦合多个波长的宽带微环谐振器，替代原设计中的窄带微环谐振器，成倍地增加了 GWOR 结构的带宽[23]。

Zhang 等在文献[24]中设计了一种可扩展的 N 端口光路由器 FNR。该结构整体呈螺旋型，$2N$ 个端口交替排布于波导外侧，其中奇数编号 P_m 的为输入端口、偶数编号 P_{m+1} 的为输出端口(m 为奇数)。每根光波导连接一个输入端口与一个输出端口，每条光波导都与其他波导相交，如图 2.21 所示。各个交叉点处使用两个相同耦合波长的微环谐振器实现两个方向的转向，每根光波导上的不同交叉点使用耦合波长不相同的微环谐振器。如从 P_1 端口输入的光信号可使用波导上第 3 个和第 5 个微环谐振器对应的波长，分别从 P_6、P_4 端口输出。

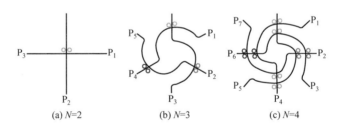

(a) $N=2$ (b) $N=3$ (c) $N=4$

图 2.21 N 端口光交换单元 FNR[24]

文献[25]提出了一种多波长光路由器 λ-Router。如图 2.22 所示，4 端口光路由器 λ-Router 由 4 根光波导和 12 个微环谐振器组成，12 个微环谐振器分别分布在 4 列，各列中的微环谐振器分别使用 λ_1、λ_2、λ_3、λ_4 波长。每对输入、与输出端口之间存在一条与波长相关的路径，如波长分配表所示。例如，I_1 端口与 O_2 端口通信时，将波长为 λ_3 的光信号从 I_1 端口注入，经由图中粗实线所示路径传输经过第 1 列、第 2 列的 4 个微环谐振器，由于谐振波长不同，不发生转向；光信号在第 3

列第 3 个微环谐振器处发生耦合，转向右上方，在第 4 列的微环谐振器也不发生耦合，从 O_2 端口输出。与此同时，I_4 端口可以使用波长 λ_4 来实现与 O_1 端口的通信，如中粗虚线所示。

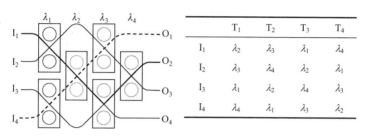

	T_1	T_2	T_3	T_4
I_1	λ_2	λ_3	λ_1	λ_4
I_2	λ_3	λ_4	λ_2	λ_1
I_3	λ_1	λ_2	λ_4	λ_3
I_4	λ_4	λ_1	λ_3	λ_2

图 2.22　4×4 光路由器 λ-Router 结构图及波长分配表[25]

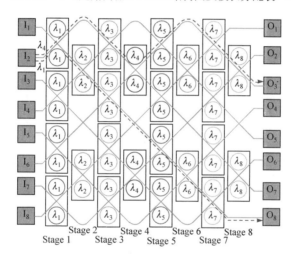

图 2.23　8×8 λ-Router 结构[26]

$N×N$ 的 λ-Router 结构使用 N 个光波导和 N 个光通信波长，至少需要 $N(N-1)$ 个微环谐振器实现 N 个端口之间的全互连。这些谐振器分别分布在 N 列，每一列中的微环谐振器使用相同波长。对应该结构建立相应的波长分配矩阵以保证不同输入、输出端口对之间通信时，使用的波长不冲突。8 端口 λ-Router 结构如图 2.23 所示[26]，λ-Router 结构规律性强，便于扩展。

GWOR、FNR、λ-Router 等多波长光路由器结构，利用不同波长为不同通信端口分配不同物理通道，实现无阻塞特性；同时发送多种波长还可以实现多播和广播功能。但由于片上可用波长数目的限制，此类路由器的扩展规模受到一定制约。

2.3　光路由器结构优化

本节以适用于 Mesh/Torus 网络的 5×5 Crossbar[27]光路由器为例说明光路由器设计过程中的结构优化方法。5 端口 Crossbar 包括 25 个微环谐振器、5 个信号输入端口、5 个信号输出端口，保证了在网络中每个路由器都能够通过光波导与东南西北 4 个方向上的其他路由器相连接，另有 Injection 和 Ejection 两个端口与本地 IP 核相连接。

初始设计如图 2.24 所示，5 个输入端口分布在光路由器左侧，分别对应 1 根水平方向的光波导；5 个输出端口分布在光路由器下方，分别对应 1 根竖直方向的光波导。10 根光波导呈网格状排布，形成 25 个交叉点，每个交叉点的左下方放置一个微环谐振器。对于任意一对输入端口和输出端口之间的通信，光信号由输入端口对应的水平波导注入，在与输出端口对应的交叉处通过开启的微环谐振器发生耦合，光信号转向竖直波导向下输出。由于 Crossbar 光路由器为每一对端口建立单独的传输通道，不同端口对之间的通信不存在路径竞争，因此它是一种严格无阻塞光路由器；但不同端口对传输的信号需要经过的微环谐振器和波导交叉数量不同，导致输出信号的信噪比各不相同。

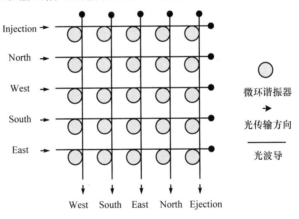

图 2.24　5×5 Crossbar 光路由器初始设计

将 Crossbar 初始设计应用在 Mesh/Torus 网络中，路由器东、西、南、北及本地端口分别对应的输入、输出端口需要排列在相应的方向上，如图 2.25 所示。相比初始设计，进行端口排布后的 Crossbar 光路由器额外增加了 8 个波导交叉和多个波导弯曲，路由器损耗进一步增长。例如从 East 到 West 的通信，在初始设计中，注入的光信号需要经过一次微环耦合；但在进行端口排布后的 Crossbar 光路由器中，注入的光信号需要经过 6 次波导交叉、5 次波导弯曲和 1 次微环耦合，光信号损耗增加。

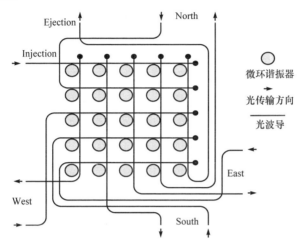

图 2.25　端口排布后 5×5 Crossbar 光路由器

　　为了进一步降低损耗，图 2.26 给出了一种改进的 Crossbar 光路由器。该路由器将初始设计中仅在交叉点的左下方放置的 25 个微环谐振器合理排布于波导交叉处的不同位置，保持严格无阻塞的同时，克服了光信号只能从左向下转向导致的布局困难问题，使得端口排列更加灵活。既实现路由器东、西、南、北及本地端口分别对应的输入、输出端口排列在相应的方向，又尽量少地增加波导交叉和波导弯曲，从而减小光路由器面积和损耗。

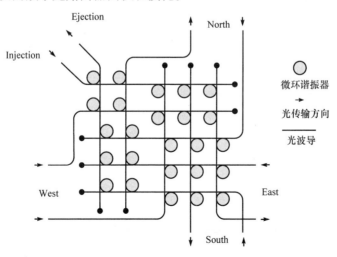

图 2.26　5×5 Crossbar 光路由器的改进设计

网络通信中一般不需要 "U" 型转向，例如本地 IP 核向光路由器注入的光信号不会发回到该 IP 核，即路由器不需要实现 Injection 到 Ejection 的转向，因此左上角第一个微环谐振器可以去掉。同理，东西南北四个方向也不需要从本方向到本方向的转向，第四行第五列、第二行第三列、第五行第四列、第三行第二列交叉处的四个微环谐振器也可省掉。改进的 Crossbar 光路由器中为每一个端口都分配了不同的波导，因此共使用 10 根光波导并存在 10 个波导终端。其设计者可以利用 1 根波导连接 1 个输入端口与 1 个输出端口，通过对交叉点的合理布局，减少波导使用数量。对于 N 端口路由器，不考虑 "U" 型转向，每个端口只与其他(N–1)个端口进行通信。利用每 N 根光波导将每个输入端口与其他(N–1)个端口中的任意个输出端口直接相连，则剩余的(N–2)个输出端口需要通过基本光交换单元与该根光波导进行信息交换，因此 N 端口路由器至少需要 $N(N–2)$ 个基本光交换单元。

除了以上这些简单的布局优化方式外，还有其他一些深化的优化研究设计：韩国成均馆大学研究组结合图论原理建模[28]，将路由器的端到端交换归结为最小代价流问题，利用整数线性规划与基于树的分割构造目标函数，以寻求插入损耗最小的光路由器布局方式。优化路由器结构布局的要点[29]包括：合理地将损耗小、串扰小的平行交换单元应用在光学路由器；结合具体的光学路由器使用环境，对已有的光学路由器进行优化。

图 2.27 给出了片上光路由器设计与实现的一般流程，设计者需要考虑应用场景、选择路由器类型、优化连通性结构设计，从原理性、功能性及可实现性进行仿真验证，通过流片加工得到芯片，进行实物测试，验证性能并优化设计。表 2.2 对比总结了部分光路由器结构的显微照片流片和测试结果。

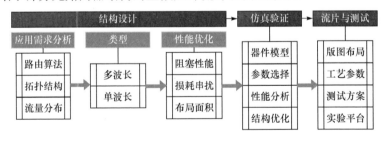

图 2.27　光路由器设计流程

表 2.2　已成片的光路由器对比

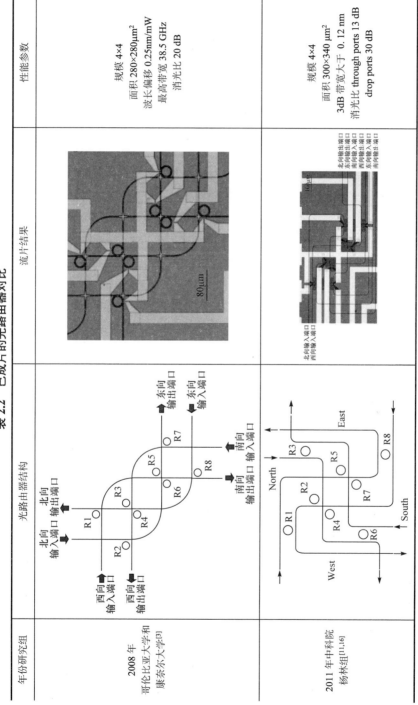

年份研究组	光路由器结构	流片结果	性能参数
2008 年 哥伦比亚大学和康奈尔大学[3]			规模 4×4 面积 280×280μm² 波长偏移 0.25nm/mW 最高带宽 38.5 GHz 消光比 20 dB
2011 年中科院杨林组[11,16]			规模 4×4 面积 300×340 μm² 3dB 带宽大于 0.12 nm 消光比 through ports 13 dB drop ports 30 dB

续表

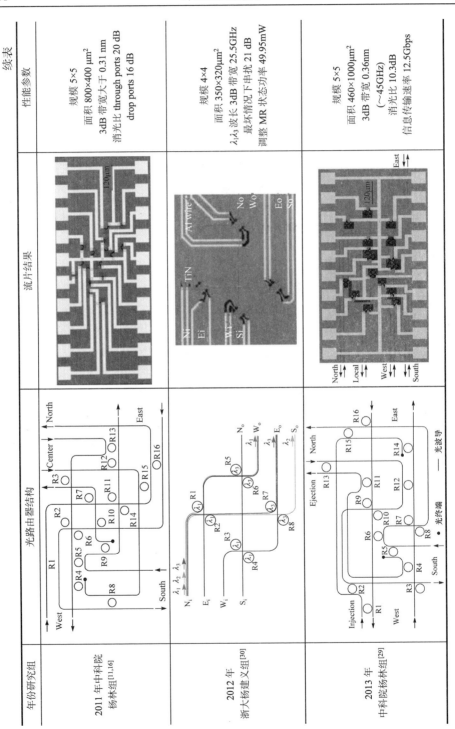

年份研究组	光路由器结构	流片结果	性能参数
2011 年中科院 杨林组[11,16]			规模 5×5 面积 800×400 μm² 3dB 带宽大于 0.31 nm 消光比 through ports 20 dB drop ports 16 dB
2012 年 浙大杨建义组[30]			规模 4×4 面积 350×320μm² λ_1,λ_3波长 3dB 带宽 25.5GHz 最坏情况下串扰 21 dB 调整 MR 状态功率 49.95mW
2013 年 中科院杨林组[29]			规模 5×5 面积 460×1000μm² 3dB 带宽 0.36nm (～45GHz) 消光比 10.3dB 信息传输速率 12.5Gbps

续表

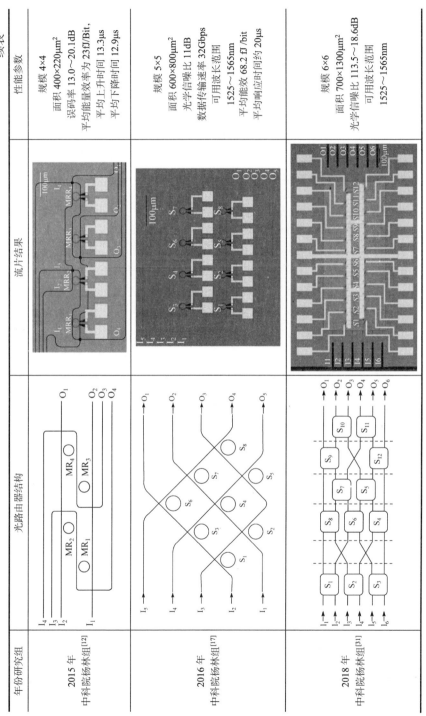

年份研究组	光路由器结构	流片结果	性能参数
2015 年 中科院杨林组[17]			规模 4×4 面积 400×220μm² 误码率 13.0~20.1dB 平均能量效率为 23fJ/Bit 平均上升时间 13.3μs 平均下降时间 12.9μs
2016 年 中科院杨林组[17]			规模 5×5 面积 600×800μm² 光学信噪比 11dB 数据传输速率 32Gbps 可用波长范围 1525~1565nm 平均能效 68.2fJ/bit 平均响应时间约 20μs
2018 年 中科院杨林组[31]			规模 6×6 面积 700×1300μm² 光学信噪比 113.5~18.6dB 可用波长范围 1525~1565nm

参 考 文 献

[1] Marcatili E A J. Bends in optical dielectric guides[J]. Bell System Technical Journal, 1969, 48(7): 2103-2132.

[2] Hiremath K R, Stoffer R, Hammer M. Modeling of circular integrated optical microresonators by 2-D frequency domain coupled mode theory[J]. Optics Communications, 2006, 257(2): 277-297.

[3] Sherwood-Droz N, Wang H, Chen L, et al. Optical 4×4 hitless silicon router for optical networks-on-chip (NoC)[J]. Optics Express, 2008, 16(20): 15915-15922.

[4] Dupuis N, Rylyakov A V, Schow C L. Ultralow crosstalk nanosecond-scale nested 2×2Mach-Zehnder silicon photonic switch[J]. Optics Letters, 2016, 41(13): 3002-3005.

[5] Yang M, Green W M J, Assefa S, et al. Non-blocking 4×4 electro-optic silicon switch for on-chip photonic networks[J]. Optics Express, 2011, 19(1):47-54.

[6] Kawaguchi N, Hori K, Arakawa T, et al. Design for high speed operation of double microring resonator-loaded Mach-Zehnder 2× 2 quantum well optical switch[C]//2016 21st OptoElectronics and Communications Conference held jointly with 2016 International Conference on Photonics in Switching, Chuo-kuNiigata, 2016: 1-3.

[7] Liu A, Jones R, Liao L, et al. A high-speed silicon optical modulator based on a metal-oxide-semiconductor capacitor[J]. Nature, 2004, 427(6975): 615.

[8] Wu H Y, Huang Y T, Shen P T, et al. Ultrasmall all-optical plasmonic switch and its application to superresolution imaging[J]. Scientific Reports, 2016, 6: 24293.

[9] Ye C, Liu K, Soref R A, et al. A compact plasmonic MOS-based 2×2 electro-optical switch[J]. Nanophotonics, 2015, 4(3): 261-268.

[10] Sun S, Narayana V K, Sarpkaya I, et al. Hybrid photonic-plasmonic nonblocking broadband 5×5 router for optical networks[J]. IEEE Photonics Journal, 2017, 10(2): 1-12.

[11] Ji R, Yang L, Zhang L, et al. Microring-resonator-based four-port optical router for photonic networks-on-chip[J]. Optics Express, 2011, 19(20): 18945-18955.

[12] Yang L, Jia H, Zhao Y, et al. Reconfigurable non-blocking four-port optical router based on microring resonators[J]. Optics Letters, 2015, 40(6): 1129-1132.

[13] Lee B G, Biberman A, Sherwood-Droz N, et al. High-speed 2×2 switch for multiwave length silicon-photonic networks-on-chip[J]. Journal of Lightwave Technology, 2009, 27(14): 2900-2907.

[14] Xie Y, Nikdast M, Xu J, et al. Crosstalk noise and bit error rate analysis for optical network-on-chip[C]. Proceedings of the 47th Design Automation Conference, Anaheim, 2010: 657-660.

[15] Xie Y, Xu J, Zhang J, et al. Crosstalk noise analysis and optimization in 5×5 hitless silicon-based, optical router for optical networks-on-chip (ONoC)[J]. Journal of Lightwave Technology, 2012, 30(1): 198-203.

[16] Ji R, Yang L, Zhang L, et al. Five-port optical router for photonic networks-on-chip[J]. Optics Express, 2011, 19(21): 20258-20268.

[17] Jia H, Zhao Y, Zhang L, et al. Five-port optical router based on silicon microring optical switches for photonic networks-on-chip[J]. IEEE Photonics Technology Letters, 2016, 28(9): 947-950.

[18] Zhu K, Zhang B, Tan W, et al. Votex: A non-blocking optical router design for 3D optical network on chip[C]//2015 14th International Conference on Optical Communications and Networks (ICOCN), Huangshan, 2015: 1-3.

[19] Ye Y, Xu J, Huang B, et al. 3-D Mesh-Based optical network-on-chip for Multiprocessor System-on-Chip[J]. IEEE Transactions on Computer-Aided Design of Integrated Circuits and Systems, 2013, 32(4): 584-596.

[20] Min R, Ji R, Chen Q, et al. A universal method for constructing N-port nonblocking optical router for photonic networks-on-chip[J]. Journal of Lightwave Technology, 2012, 30(23): 3736-3741.

[21] Tan X, Yang M, Zhang L, et al. On a scalable, non-blocking optical router for photonic networks-on-chip designs[C]//2011 Symposium on Photonics and Optoelectronics (SOPO), Wuhan, 2011: 1-4.

[22] Tan X, Yang M, Zhang L, et al. A generic optical router design for photonic network-on-chips[J]. Journal of Lightwave Technology, 2012, 30(3):368-376.

[23] Tan X, Yang M, Zhang L, et al. Wavelength-routed optical networks-on-chip built with comb switches[C]//2013 IEEE Photonics Conference, Hyatt Regency Bellevue, 2013: 46-47.

[24] Zhang L, Yang M, Jiang Y, et al. On fully reconfigurable optical torus-based networks-on-chip architecture[C]//2016 IEEE Optical Interconnects Conference, San Diego, 2016: 82-83.

[25] O'Connor I. Optical solutions for system-level interconnect [C]//Proceedings of the 2004 International Workshop on System Level Interconnect Prediction, Paris, 2004: 79-88.

[26] Liu F, Zhang H, Chen Y, et al. WRH-ONoC: A wavelength-reused hierarchical architecture for optical network on chips [C]//2015 IEEE Conference on Computer Communications, Hong Kong, 2015: 1912-1920.

[27] Welch D F, Scifres D R, Waarts R G, et al. N×N optical crossbar switch matrix: U.S. Patent 5,255,332[P]. 1993-10-19.

[28] Lee J H, Yoo J C, Han T H. System-level design framework for insertion-loss-minimized optical network-on-chip router architectures[J]. Journal of Lightwave Technology, 2014, 32(18): 3161-3174.

[29] Ji R, Xu J, Yang L. Five-port optical router based on microring switches for photonic networks-on-chip[J]. IEEE Photonics Technology Letters, 2013, 25(5): 492-495.

[30] Hu T, Yu P, Qiu C, et al. Non-blocking wavelength-routed 4× 4 silicon optical router for on-chip photonics networks[C]//2012 Optical Interconnects Conference, Santa Fe, 2012: 104-105.

[31] Jia H, Zhou T, Zhao Y, et al. Six-port optical switch for cluster-mesh photonic network-on-chip[J]. Nanophotonics, 2018, 7(5): 827-835.

第3章　新型片上光路由器设计

本章将介绍几种新型片上光路由器设计案例，首先介绍基于微环谐振器的片上光路由器，包括通用型的片上光路由器、面向路由算法定制的片上光路由器以及支持多波长工作的片上光路由器，最后将介绍一些基于新型材料的片上光路由器。

3.1　严格无阻塞型片上光路由器

片上光路由器是片上光互连的重要组成部分，承担着信息转发和信息交换的功能。若光路由器中任一空闲的输入端口与任一空闲的输出端口能在任意时间建立连接关系，则该片上光路由器具备严格无阻塞性，本节将介绍几种严格无阻塞型片上光路由器。

3.1.1　5 端口片上光路由器 Cygnus

Mesh 是片上光互连最常见的拓扑结构，如图 3.1 所示，光路由器分别连接着东、西、南、北向的光路由器以及本地 IP 核，因此需要 5 端口光路由器才能满足上述互连需求。

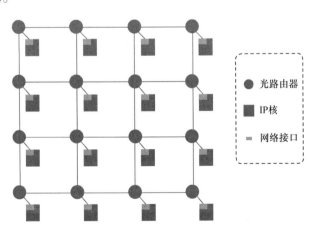

图 3.1　基于 Mesh 的片上光互连示意图

　　传统的 Crossbar 光路由器最早应用于基于 Mesh 的片上光互连网络，结构如图 3.2 所示。该结构虽然简单但存在一定的缺陷：①任意两端口间的传输路径都需要经过很多波导交叉点，路径中累积的波导交叉损耗较高；②为了使光路由器各端口与 Mesh 拓扑布局相适应，该结构中引入了大量的波导弯曲，会累积较大的波导弯曲损耗。

　　优化的 Crossbar 光路由器结构中微环谐振器的排列不再是规则的矩阵，如图 3.3 所示，光信号的传输方向也不仅仅局限于向下转向，而是在东、南、西、北 4 个方向上均有转向，便于在设计结构时根据不同方向的端口采用不同的转向方向，在波导交叉数目以及波导弯曲数目上均有所降低，能够缓解传统的 Crossbar 光路由器结构存在的问题。

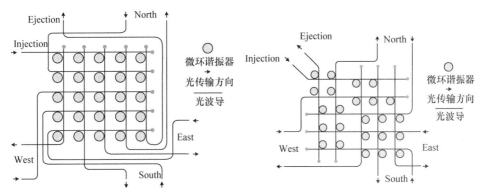

图 3.2　传统的 Crossbar 光路由器结构　　　　图 3.3　优化的 Crossbar 光路由器结构

　　这两种光路由器仍然存在一个共同的问题，结构中微环谐振器数目以及波导数目较多，会增加制造成本和制造难度。

　　本节将介绍一种经典的 5 端口光路由器结构 Cygnus[1]，Cygnus 结构不仅具备严格无阻塞特性，而且结构中的微谐振器和波导交叉数量都明显减少，这种特点带来的好处是网络中平均插入损耗小，能够保证较佳的通信质量。

1. 光路由器结构

　　如图 3.4 所示，Cygnus 光路由器结构由一个控制单元和一个交换结构组成，控制单元根据路由信息配置交换结构，以完成光信号的转发和交换。Cygnus 的交换结构使用了 16 个微环谐振器、六根波导和两个波导终端，交换结构中的各个微环谐振器尺寸相同、谐振波长一致。Cygnus 有五个端口，West、South、East、North 端口对分别用于互连西、南、东、北向的光路由器，Injection/Ejection 端口用于互连本地 IP 核，交换结构实现了 5×5 严格无阻塞连接特性。

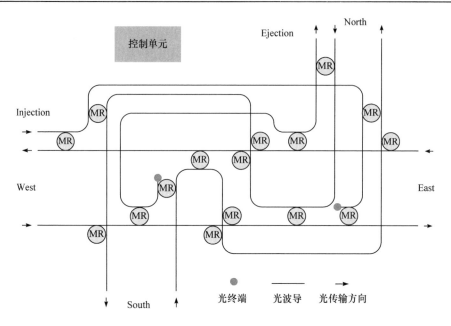

图 3.4　5 端口 Cygnus 路由器结构[1]

Cygnus 在结构设计上做了进一步优化，基于最小化波导交叉数目的设计思路，在交换结构中采用了较多平行型的基本光交换单元以减少波导交叉；在交换结构中，输入端口沿着一根波导可以直通至另一方向的输出端口，则输入输出端口对之间可以不经微环耦合直接形成通路，如 West 与 East、North 与 South，降低了耦合损耗，同时节省了波导终端。

2. 光路由器端口路由规则

当某一方向的端口和另一方向的端口通过一根波导直连时，不需要启动任何微环谐振器，如 West 与 East、North 与 South。在其他情况下，各方向的端口对之间的通信需要启动一个微环谐振器。如 East 端口向 North 端口路由时，所启动的微环谐振器为沿着 East 端口的第一个微环谐振器，沿途经过的其他微环谐振器都处于关闭状态，光信号自 East 端口输入波导处注入，由开启的微环谐振器耦合，转向 North 端口输出波导，进而完成 East 端口向 North 端口的路由过程。

交换结构中的微环谐振器由控制单元配置，控制单元根据上述路由规则动态配置每个路由过程所需要启动的微环谐振器。

3. 性能分析

本节分析了 Cygnus 光路由器结构的硬件开销、功耗、插入损耗性能，并与常见的光路由器结构进行对比，包括λ-Router[2]、优化的 Crossbar 光路由器、传统的

Crossbar 光路由器和 CR 光路由器[3]。

1) 硬件开销

微环谐振器占据了光路由器芯片面积的绝大部分，光路由器使用的微环谐振器数量可用于表征光路由器的硬件开销，使用的微环谐振器数量越多，该光路由器的硬件开销相应就越大。各种光路由器使用的微环谐振器数量的对比如图 3.5 所示，Cygnus 使用的微环谐振器数目最少，比传统的 Crossbar 光路由器结构的微环谐振器数目降低了 20%，比 λ-Router 的微环谐振器数目降低了 46.7%。在硬件开销方面，Cygnus 优于常见的光路由器结构。

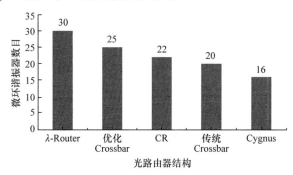

图 3.5　微谐振器的数量

2) 功耗

功耗是光路由器的关键性能指标之一，功耗性能关系到封装、测试、实际应用的成本。本节从两个角度分析光路由器的功耗：光路由器级和网络路径级。

光路由器级功耗指的是将数据从一个输入端口转发到一个输出端口过程中的功耗，主要由控制单元功耗和交换结构功耗组成。控制单元功耗取决于内置的路由算法的功耗，交换结构功耗取决于启动微环谐振器的功耗。假设各类光路由器的控制单元均采用相同的路由算法，则控制单元功耗相同，光路由器级功耗主要区别于交换结构功耗。以上五种光路由器最多都只需启动一个微环谐振器即可连通任一输入输出端口对，因此各结构的光路由器功耗相差不大。

网络路径级功耗指的是从源路由器经多个光路由器到目的路由器连接而成的一条网络路径的功耗，主要分析平均网络路径功耗以及网络路径上的平均光路由器功耗。平均网络路径功耗可通过式(3.1)得到，其中，M 是片上光互连的网络路径数量，P_i 是第 i 条网络路径的功率，B 是链路带宽。

$$P_{\text{path}} = \frac{\sum_{i=1}^{M} P_i}{M \times B} \tag{3.1}$$

平均网络路径功耗除以网络路径上的平均光路由器数目，即可得到网络路径上的平均光路由器功耗 P_{router}。

利用网络规模为 8×8 的基于 Mesh 的片上光互连仿真系统测试以上五种光路由器的网络路径级功耗，结果如图 3.6 所示。Cygnus 结构的网络路径级功耗性能最优，其中平均网络路径功耗仅为 4.8fJ/bit，比传统 Crossbar 光路由器结构低 50%。

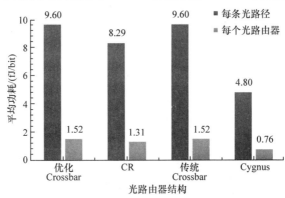

图 3.6　平均网络路径功耗、平均光路由器功耗的对比

Cygnus 交换结构中某一个输入端口沿着一根波导可以直通至另一方向的输出端口，输入输出端口对之间的通信不需要启动任何微环谐振器。即使所有输入输出端口都被占用，整个交换结构最多启动三个微谐振器即可满足所有转发需求。单个 Cygnus 光路由器所启动的微环谐振器最大数目不随片上光互连的网络规模大小而变化，网络路径上的平均光路由器功耗将是一个很小的常数，因此 Cygnus 光路由器的功耗不会限制片上光互连的网络扩展性。

3) 插入损耗

插入损耗也是光路由器的关键性能指标之一，在数值意义上，指的是一条路径中输出端口处功率与输入端口处功率的比值。在物理意义上，表征着输入端口注入的光能量沿着一条路径到达输入端口后所剩余的能量比例。插入损耗不仅决定着输入端口处注入的最小光信号功率，以及输出端口处检测光信号的灵敏度，更影响着信噪比、误码率等路径通信性能。

插入损耗主要包括波导传播损耗、波导弯曲损耗、波导交叉损耗、微环谐振器耦合损耗等。由于波导传播损耗、波导弯曲损耗较小，在分析插入损耗性能时仅考虑波导交叉损耗和微环谐振器耦合损耗，其中微环谐振器耦合损耗为 0.5dB。本节也从两个角度分析插入损耗：光路由器级、网络路径级。

光路由器级插入损耗分析的是不同输入输出端口对间路径的插入损耗，且不同输入输出端口对间路径的插入损耗一般不同。五种光路由器结构在光路由器级插入损耗的性能对比如图 3.7 所示，包括最佳情况下插入损耗、最差情况下插入损耗以及平均插入损耗。Cygnus 结构性能最优，相比于传统 Crossbar 光路由器结构，Cygnus 结构在最佳情况下插入损耗上优化了 61%，在最差情况下插入损耗上优化了 43%，在平均插入损耗上优化了 28%。

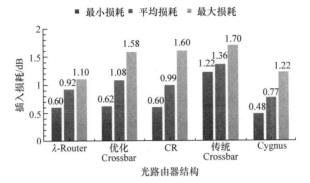

图 3.7 光路由器级插入损耗的对比

网络路径级插入损耗指的是从源路由器经多个光路由器到目的路由器连接而成的一条网络路径的插入损耗。利用网络规模为 8×8 的基于 Mesh 的片上光互连仿真系统测试以上五种光路由器的网络路径级插入损耗，最长网络路径的插入损耗的对比结果如图 3.8 所示。Cygnus 结构的网络路径级插入损耗性能最优，原因在于 Cygnus 结构的光路由器级的平均插入损耗较小，网络路径即使经过多个 Cygnus 光路由器，路径总插入损耗也很小。

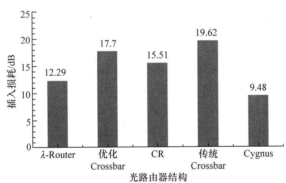

图 3.8 网络路径级插入损耗性能的对比

3.1.2 6 端口片上光路由器 Panzer

现有片上光互连网络中的光路由器存在多播能力差的问题，本节将介绍一种支持多播通信的多端口可扩展片上光路由器 Panzer[4]。通过多播控制单元调节微环谐振器的启动、关闭状态使微环谐振器发生部分耦合，在单波长条件下 Panzer 光路由器的每个输入端口可以向其他所有输出端口同时发送光信号，进而实现无阻塞多播通信。

1. 光路由器结构

Panzer 光路由器的交换结构分为两层，三维结构如图 3.9(a)所示，同时采用了

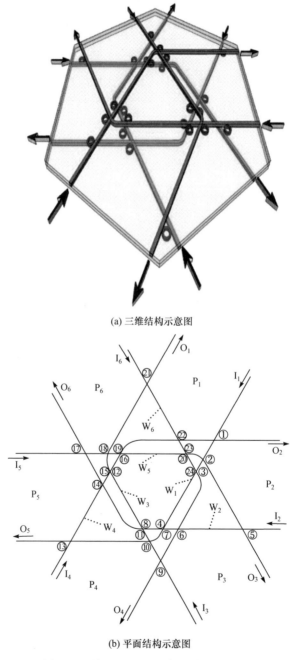

(a) 三维结构示意图

(b) 平面结构示意图

图 3.9　6 端口 Panzer 光路由器交换结构[4]

基于层间耦合的基本光交换单元和基于层内耦合的基本光交换单元，共包含 6 对端口、6 根波导、24 个微环谐振器。6 对端口在以光路由器结构中心为圆心的圆周外侧等距分布，圆周内侧的每一根波导均弯折 120°，每根波导既是某一端口的输入波导又是另一端口的输出波导，平面结构示意图如图 3.9(b)所示。24 个微环谐振器放置于波导交叉处，由多播控制单元配置来实现光信号的转向。

6 对端口按顺时针编号为 P_1、P_2、P_3、P_4、P_5、P_6，并且 P_1 端口的输出端口编号为 O_1、输入端口编号为 I_1，如图 3.9(b)所示。以此类推，所有 12 个端口以输出-输入-输出-输入-·····-输入顺序均匀分布。

6 根波导刻蚀在两层硅衬底上，将连接端口 I_1 和 O_5 的波导记为波导 W_1、连接端口 I_2 和 O_6 的波导记为波导 W_2、连接端口 I_3 和 O_1 的波导记为波导 W_3、连接端口 I_4 和 O_2 的波导记为波导 W_4、连接端口 I_5 和 O_3 的波导记为波导 W_5、连接端口 I_6 和 O_4 的波导记为波导 W_6。波导 W_1、W_3、W_5 刻蚀于上层硅面；波导 W_2、W_4、W_6 刻蚀于下层硅面。微环谐振器 R_1、R_2、R_3、R_4、R_9、R_{10}、R_{11}、R_{12}、R_{17}、R_{18}、R_{19}、R_{20} 刻蚀于上层硅面；微环谐振器 R_5、R_6、R_7、R_8、R_{13}、R_{14}、R_{15}、R_{16}、R_{21}、R_{22}、R_{23}、R_{24} 刻蚀于下层硅面。

将 6 端口光交换单元的上层中 3 根波导，投影在下层中 3 根波导所在的硅平面上。波导 W_m 由输入端口 I_m 沿光信号注入方向延伸，当该波导与其他波导产生 4 个交叉点后，向逆时针方向弯曲 120°继续延伸，再与其他波导产生 2 个交叉点后输出至端口 O_n。因此 6 端口光交换单元中的某一波导与其他波导存在 6 个交叉点，共计 18 个交叉点。

任意端口 P_m 的输入波导 W_m 与输出波导 W_t，m 与 t 的关系满足 $t-m \equiv 2 \pmod 6$。波导 W_m 既是端口 P_m 的输入波导也是端口 P_n 的输出波导，m、n 的关系满足 $n-m \equiv 4 \pmod 6$，因此光信号由输入端口 I_m 传播到输出端口 O_n 的过程中不需要经过微环谐振器的耦合，沿波导 W_m 传播即可。

2. 多播配置原理

多播控制单元负责配置各个微环谐振器的状态，各个微环谐振器的尺寸相同、谐振波长相同。通过同时启动一根波导上的多个微环谐振器来实现多播通信，比如同时启动微环谐振器 R2、R3，则光信号从输入端口 I_1 沿着波导 W_1 可传播至输出端口 O_2、输出端口 O_3，即端口 P_1 同时向端口 P_2、端口 P_3 传播信息。

Panzer 光路由器在多播情况下仍为严格无阻塞，6 端口多播并行通信存在两种情况：①信号 A 由一个端口向另外两个端口多播，剩余的三个端口中同时进行信号 B 由一个端口向另外两个端口的多播通信；②信号 A 由一个端口向另外三个端口多播，剩余的两个端口中同时进行信号 B 的通信。通过遍历 Panzer 光路由器结构各个状态下微环谐振器的配置情况，可得出 Panzer 结构的所有状态下的通信互不阻塞，Panzer 结构具备严格无阻塞性。

3. 性能分析

本节分析了 Panzer 光路由器结构的硬件开销、插入损耗以及可扩展性，并与常见的光路由器结构进行对比，包括传统的 Crossbar 光路由器结构、优化的 Crossbar 光路由器结构、WRON 结构[5]、λ-Router 结构以及 GWOR 结构。

1) 硬件开销

本节同样采用光路由器使用的微环谐振器数量来表征该光路由器的硬件开销，上述各个光路由器使用的微环谐振器数量的对比结果如表 3.1 所示。Panzer 结构使用了最少数量的微环谐振器。相比于传统的 Crossbar 光路由器结构、优化的 Crossbar 光路由器结构、WRON 结构、λ-Router 结构，Panzer 结构使用的微环谐振器数目分别降低了 33.3%、20%、20%、20%。

表 3.1　不同光路由器结构使用的微环谐振器数量对比结果

MR	传统的 Crossbar	优化的 Crossbar	WRON	λ-Router	GWOR	Panzer
6×6	36	30	30	30	24	24

2) 插入损耗

Panzer 的交换结构呈中心对称性，不同输入输出端口对间的路径仅存在五种情况，路径的插入损耗取决于具体路径情况。对上述光路由器不同输入输出端口对间的路径的插入损耗值进行比较，分析了最大插入损耗和平均插入损耗，对比结果如表 3.2 所示。无论是最大插入损耗或是平均插入损耗，Panzer 结构的性能均是最优，因此该结构可靠性较强。

表 3.2　各个光路由器结构的路径插入损耗对比结果

路径插入损耗	传统的 Crossbar	优化的 Crossbar	WRON	λ-Router	GWOR	Panzer
最大值	2.10	2.10	1.85	1.85	1.93	1.69
平均值	1.80	1.79	1.55	1.55	1.40	1.31

3) 可扩展性

Panzer 结构的可扩展性极佳，端口数目可扩展成至任意偶数大小，能够满足片上光互连不同拓扑的互连需求。

假设扩展后的光路由器端口数目为 N(指的是 N 个输入端口、N 个输出端口，其中 N 为任意正偶数)、W 根波导、R 个微环谐振器，其中 N=W=2k，R=4k(k−1)，k 为大于等于 3 的正整数。N 对端口在以光路由器结构中心为圆心的圆周外侧等距分布，圆周内侧的每一根波导均弯折一个固定角度，每根波导与 N 对端口的 2 个端口相连。R 个微环谐振器共同由一个多播控制单元负责配置启动状态。

多播光路由器 Panzer 具有以下优点：①布局采用双层波导减少了波导交叉数目，有利于降低信号间的串扰；②Panzer 结构的微环谐振器、波导排列位置对称、规律性强，路径的插入损耗低，具备极佳的可扩展性；③支持多播通信，比多次单播的效果更高，降低了能量开销。

3.1.3　7 端口片上光路由器 Votex

在工艺尺寸受限的情况下，三维集成可以提高片上光互连系统性能，具有更短的互连线长、更大的存储带宽、更小的系统尺寸，同时还支持异质集成。三维 Mesh 拓扑是三维片上光互连常用的拓扑结构，图 3.10 展示了网络规模为 4×4×4 的基于三维 Mesh 的片上光互连拓扑，通过将二维 Mesh 由平面扩展至三维立体空间来实现网络节点在层内和层间的互连。三维 Mesh 拓扑需要 7 端口光路由器来执行数据的转发和交换，6 个端口用于互连东、南、西、北、上、下六个方向上的光路由器，1 个端口用于互连本地 IP 核，本节将介绍一种 7 端口无阻塞的光路由器结构 Votex[6]。

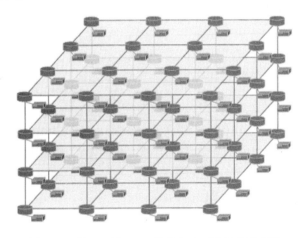

图 3.10　基于三维 Mesh 的片上光互连拓扑示意图

1. 光路由器结构

图 3.11 所示为 7 端口光路由器 Votex 交换结构示意图，Votex 的交换结构由 36 个微环谐振器、2 个光终端和 8 根波导组成。所有微环谐振器尺寸相同、谐振波长相同。

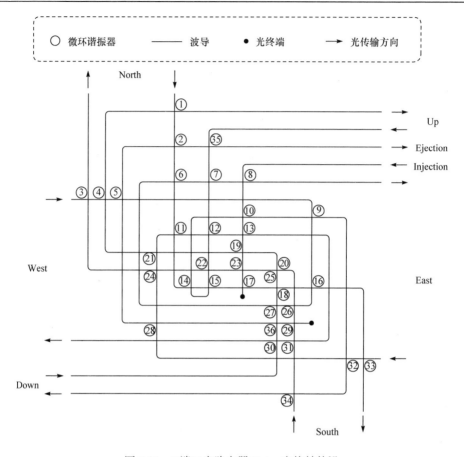

图 3.11　7 端口光路由器 Votex 交换结构[6]

Votex 结构有 7 对端口，分别为 Injection/Ejection、North、West、South、East、Up、Down。Votex 的交换结构中不存在 U 型转弯，相对端口的输入端口和输出端口位于同一根波导上，如 West 端的输入端口和 East 端的输出端口，类似的还包括 North 端口与 South 端口、Up 端口与 Down 端口。Injection 输入端口和 Ejection 输出端口位于独立的波导上，波导另一端均为光终端。

2. 光路由器端口路由规则

相对端口之间的通信直接沿同一波导传输即可，不需通过微环谐振器的耦合转向。由于 Votex 交换结构中不存在 U 型路径，因此 Votex 的所有端口对之间共有 6×7 种通信需求，交换结构中也共有 42 条可能的物理通道。表 3.3 是各路径的微环谐振器配置情况，表明了 Votex 光路由器具备严格无阻塞性。

表 3.3　**Votex 各路径的微环谐振器状态配置表**

传输方向	微环"启动"	微环"关闭"
N-Up	1	none
N-Eje.	2	1
N-E	6	1、2
N-S	none	1、2、6、11、14
N-Down	14	1、2、6、11
N-W	11	1、2、6
Up-Eje.	35	none
Up-E	7	35
Up-S	15	35、7、12
Up-Down	none	35、7、12、15、22
Up-W	12	35、7
Up-N	22	35、7、12、15
Inj.-E	8	none
Inj.-S	17	8、10、13、19、23
Inj.-Down	10	8
Inj.-W	13	8、10
Inj.-N	23	8、10、13、19
Inj.-Up	19	8、10、13
E-S	33	none
E-Down	32	33
E-W	none	21、24、28、32、33
E-N	24	28、32、33
E-Up	21	24、28、32、33
E- Eje.	28	32、33
S-Down	34	none
S-W	31	34
S-N	none	20、26、29、31、34
S-Up	20	26、29、31、34
S- Eje.	29	31、34
S-E	26	29、31、34
Down-W	30	None
Down-N	25	36、18、27、30

传输方向	微环"启动"	微环"关闭"
Down-Up	none	36、18、25、27、30
Down- Eje.	36	30
Down-E	27	36、30
Down-S	18	36、27、30
W-N	3	None
W-Up	4	3
W- Eje.	5	3、4
W-E	none	3、4、5、9、16
W-S	16	3、4、5、9
W-Down	9	3、4、5

3. 性能分析

本节将分析 Votex 光路由器结构与传统 7×7Crossbar 光路由器结构的性能，包括光路由器级插入损耗和网络路径级插入损耗。

光路由器级损耗主要分析不同输入输出端口对间的路径的插入损耗，Votex 结构和 Crossbar 结构的对比分析结果如图 3.12 所示，对比的指标包括光路由器级平均插入损耗、最大插入损耗以及最小插入损耗。Votex 结构在光路由器级插入损耗方面性能优异，与传统 7×7Crossbar 光路由器结构相比，光路由器级平均路径插入损耗优化了 19.7%。

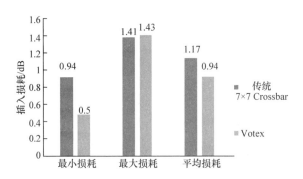

图 3.12　Votex 端口对间的路径插入损耗结果

网络路径级插入损耗指的是光路由器部署到三维 Mesh 片上光互连情况下的网络路径的插入损耗，本节分析了最长网络路径的插入损耗，图 3.13 展示了以上

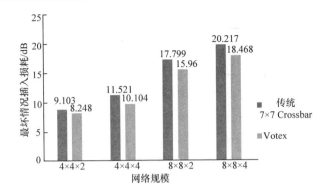

图 3.13　片上光互连三维 Mesh 拓扑不同网络规模下最长路径的插入损耗对比结果

两种光路由器结构在不同片上光互连网络规模下最长网络路径的插入损耗。Votex 结构在网络路径级插入损耗性能方面优于传统 Crossbar 结构。

无论在光路由器级插入损耗方面或是网络路径级插入损耗方面，Votex 结构均优于传统 Crossbar 光路由器结构，这主要得益于 Votex 结构简单，微环谐振器数目和波导数目较少，进而插入损耗远小于传统 Crossbar 光路由器结构。

3.2　面向路由算法定制的片上光路由器

前文介绍了三种通用型光路由器结构，适用于不同的路由算法。本节将介绍两种针对特定路由算法特点设计的光路由器结构，通过利用路由路径的特点来简化光路由器结构。

3.2.1　基于 XY 路由算法的片上光路由器

XY 路由算法是 Mesh 拓扑中常用的最短路径算法，源节点的数据先沿 X 维向目的节点路由，在与目的节点的 X 维坐标相同的节点处转向，然后再沿 Y 维传输至目的节点。每个中间节点只存在由 X 维转向 Y 维的路由请求，不存在由 Y 维转向 X 维的路由请求。利用该特性可以移除光路由器中执行 Y 维转向 X 维的微环谐振器，从而简化光路由器结构并降低成本。

1. 光路由器结构

ODOR 光路由器[7]是一种面向 XY 路由算法设计的 5 端口光路由器，如图 3.14 所示，ODOR 结构由控制单元、交换结构、解复用器、复用器组成。东、西、南、北向的输入端口处均有一个解复用器，由基于微环谐振器的 1×2 的基本光交换单元构成，解复用器可以将目的端口是 Ejection 的光信号直接引入 Ejection 端口，避免进入交换结构，降低了交换结构中的流量负载。

ODOR 的交换结构含有五个输入端口、四个输出端口，结合 XY 路由算法的特点，交换结构中移除执行 Y 维转向 X 维的微环谐振器，仅由 5 根波导和 8 个微环谐振器构成。解复用器中的微环谐振器和交换结构中的微环谐振器尺寸相同、谐振波长一致。

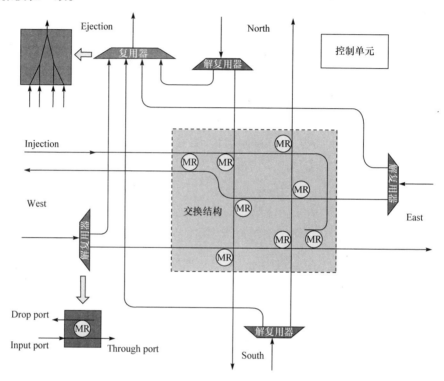

图 3.14　ODOR 光路由器结构示意图[7]

2. 光路由器端口路由规则

ODOR 结构中的每一对输入端口和输出端口间的光路径是固定的。当输入端口和输出端口在同一根波导上时，光信号沿着输入端即可到达输出端。当输入端口和输出端口不在同一根波导上时，光信号沿着输入端口的波导传输，并在两根波导交接处的微环谐振器转向至输出端口所在的波导。ODOR 光路由器结构还具备严格无阻塞特性。

3. 性能分析

本节分析了 ODOR 光路由器结构的硬件开销、功耗、插入损耗性能，并与常见的光路由器结构进行对比，包括 λ-Router 结构、传统 Crossbar 光路由器结构、优化的 Crossbar 光路由器结构、CR 光路由器结构。

1) 硬件开销

本节采用光路由器结构中使用的微环谐振器数量来表征硬件开销，各个光路由器结构中使用的微环谐振器数量对比如图 3.15 所示。ODOR 结构使用的微环谐振器数量最少，仅为 12 个，比传统 Crossbar 光路由器结构使用的微环谐振器数量降低了 52%。相比于 ODOR 结构，优化的 Crossbar 光路由器结构多使用了 4 个微环谐振器，路径插入损耗和功耗的开销大，详见下小节。

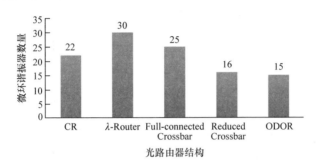

图 3.15　各个光路由器结构使用的微环谐振器数量对比

2) 功耗

本节分析了光路由器级功耗，关注于将数据从一个输入端口转发到一个输出端口过程中的能量消耗，图 3.16 展示了各结构在光路由器级平均功耗方面的对比结果。ODOR 结构的平均功耗最低，仅为 0.96fJ/bit，比两种 Crossbar 结构的平均功耗减少了 40%。因此片上光互连采用 ODOR 结构有利于扩展网络规模。

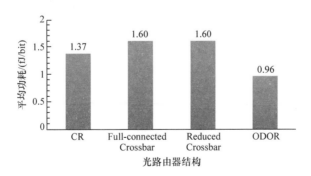

图 3.16　各光路由器结构的平均功耗对比结果

3) 插入损耗

由于波导传播损耗和波导弯曲损耗较小，损耗来源仅考虑波导交叉损耗和微环谐振器的耦合损耗。本节从两个角度分析插入损耗性能：光路由器级和网络路径级。

光路由器级插入损耗分析了不同输入输出端口之间的路径的插入损耗,图 3.17 展示了各个光路由器结构在最佳情况下、最差情况下的光路由器级插入损耗以及平均光路由器插入损耗。ODOR 结构在任何情况下的光路由器级插入损耗性能均最优,相比于两种 Crossbar 光路由器结构,ODOR 结构的平均光路由器级插入损耗优化了 40%。

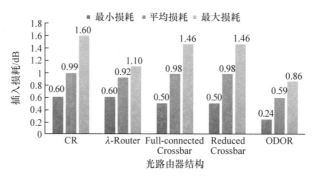

图 3.17   光路由器级插入损耗的对比结果

网络路径级插入损耗分析的是从源路由器经多个光路由器到目的路由器连接而成的一条网络路径的插入损耗。在网络规模为 6×6 的基于 Mesh 的片上光互连中,分析以上光路由器结构的网络路径级插入损耗,最长网络路径插入损耗的对比结果如图 3.18 所示。片上光互连采用 ODOR 结构时的最长网络路径的插入损耗最小,仅为 5.16dB,比传统的 Crossbar 光路由器结构优化了 52%。

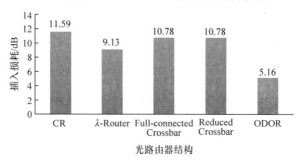

图 3.18   网络路径级的最长路径的插入损耗

3.2.2   FatTree 拓扑的片上光路由器

FatTree 是一种片上光互连常用的拓扑结构,相比普通树形结构,FatTree 结构的网络直径小、对分带宽随网络规模的扩展而增大,图 3.19 所示为 64 个 IP 核由 6 层 FatTree 结构相连的片上光互连系统示意图,该结构所采用的 OTAR[8]光路由器基于转弯路由算法设计。

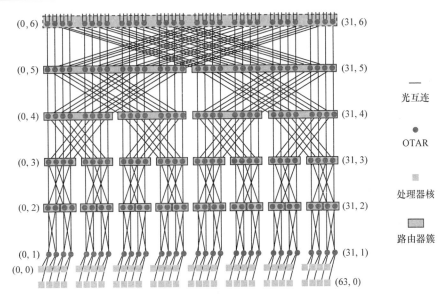

图 3.19　基于 FatTree 的片上光互连系统示意图[8]

1. 光路由器结构

FatTree 拓扑中的光路由器可以采用传统的 Crossbar 结构来实现。一个 N 端口光路由器需要采用一个包括 $2N$ 个波导交叉点和 N^2 个微环谐振器构成的 $N \times N$ Crossbar 结构。图 3.20(a)是一个具有 4 输入和 4 输出的交叉开关。光路由器中 Crossbar 结构可以根据路由算法进行优化。转弯路由算法被广泛应用于 FatTree 结构的网络中，它也被称为最近共同祖先路由算法(least common ancestor routing algorithm)。转弯路由算法规定分组首先向上传输至源节点和目的节点共同的父节

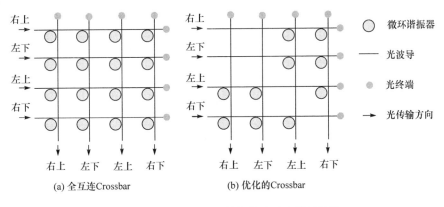

图 3.20　基于 Crossbar 结构的光路由器结构[8]

点处，然后再向下路由到目的节点。该算法采取最短路径路由，具备无死锁和无活锁的特点，算法复杂度低、自适应性强，且不需使用全局信息，很适合低延时和低功耗要求的片上光互连网络。基于转弯路由算法，我们可以将 Crossbar 中一些微环谐振器移去，得到如图 3.20(b)所示的交换结构。经过优化得到的交换结构与传统的 Crossbar 结构相比，节省了 6 个微环谐振器。

　　面向 FatTree 拓扑，本节介绍一种新的基于转弯路由算法的 4 端口光路由器 OTAR，如图 3.21 所示，OTAR 光路由器由交换结构、控制单元和 4 个控制接口组成。OTAR 的交换结构只使用了 6 个微环谐振器和 4 根波导；控制单元根据分组路由的请求通过电信号来控制交换单元的连接；控制接口接收或者发送来自波导的控制分组。OTAR 路由器有 4 个双向端口：右上，左上，右下，左下。

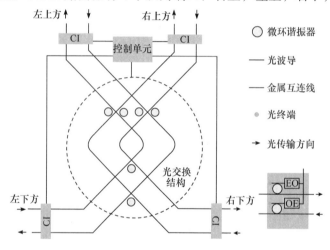

图 3.21　OTAR 光路由器结构[8]

　　OTAR 的交换结构采用了具有 4 个双向端口的 4×4 的交换单元，在设计中尽量减少波导交叉数。由于路由算法中不存在 U 型转弯，所以交换单元中没有 U 型转弯。数据沿着 FatTree 结构向下路由时不需要转向，因此在光路由器交换结构中移除负责这种转向的微环谐振器来降低成本。

　　OTAR 的每个端口有一个控制接口，控制接口由两个平行的交换单元、光电(OE)转换单元和电光(EO)转换单元共同组成。平行的交换单元可以减少光损耗，OE 转换单元负责将光信号转换成电信号，EO 转换单元负责相反的操作，控制接口处的微环谐振器处于关状态。OTAR 中的所有微环谐振器尺寸相同、谐振波长一致。

2. 光路由器端口路由规则

当光信号的源和目的方向端口在同一侧时,路由过程不需要启动微环谐振器。

例如，从左上方路由到左下方或者从右上方路由到左下方，这些情况总共占据所有通信的40%。当信号的源和目的方向端口不在同一侧时，也仅需启动一个对应的微环谐振器。

OTAR 路由器在网络使用转弯路由算法时是严格无阻塞的，可通过枚举的方法进行证明。

3. 性能分析

本节将分析 OTAR 结构的硬件开销和插入损耗性能，并与其他经典光路由器的性能进行对比，包括传统的 Crossbar 光路由器结构、优化的 Crossbar 光路由器结构以及 COR 光路由器结构。

本节采用光路由器使用的微环谐振器数量来表征光路由器的硬件开销。OTAR 结构使用了 6 个微环谐振器，使用的微环谐振器数量最少，比优化的 Crossbar 光路由器结构使用的微环谐振器数量降低了 40%。

本节分析了光路由器级的插入损耗性能，损耗来源仅考虑波导交叉损耗和微环谐振器的耦合损耗，其中波导交叉损耗约为 0.12dB，微环谐振器的耦合损耗约为 0.5dB，由于波导传播损耗和波导弯曲损耗较小，此处忽略不计。

在光路由器级插入损耗的分析中，不同输入输出端口对间的路径具有不同的插入损耗。本节分析了所有可能路径情况下的插入损耗，并将上述光路由器结构在最大插入损耗、最小插入损耗以及平均插入损耗方面进行了对比，结果如图 3.22 所示。在所有路径情况下，OTAR 结构的插入损耗性能均最优。相比于优化的 Crossbar 光路由器结构，OTAR 结构在最大插入损耗方面优化了 19%，在最小插入损耗方面优化了 4%，在平均插入损耗方面优化了 23%。

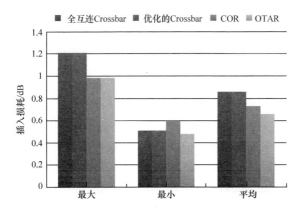

图 3.22 不同光路由器结构的路径插入损耗对比结果

3.3　多波长片上光路由器

前节介绍的光路由器在工作时仅占用一个波长，未能充分利用丰富的光谱资源，片上光互连在带宽性能仍存在提升空间。片上光互连引入波分复用技术能够提升网络带宽，同时也需要支持多波长的光路由器，本节将介绍一种多波长光路由器 POINT[9]。

1. 光路由器结构

图 3.23 所示为端口数目为 M 的 POINT 光路由器结构($M = 2m$ 且 $m>0$)，由一个 $M \times M$ 规模的交换结构以及一系列水平连接器(horizontal connection relationship，HCR)和垂直连接器(vertical connection relationship，VCR)共同组成。$M \times M$ 规模的交换结构是一种基于空分复用的双层结构，所有水平波导都放置在一个层中，垂直波导则放置在另一层中，基于微环谐振器的交换单元采用双层耦合，避免了大量的波导交叉。HCR 和 VCR 分别是交换结构中两层结构的外部延伸的接口。

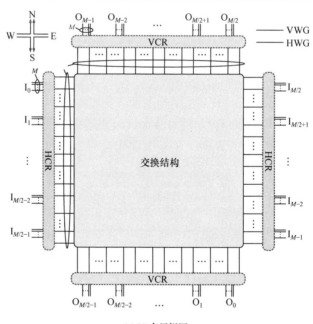

(a) 2D布局视图

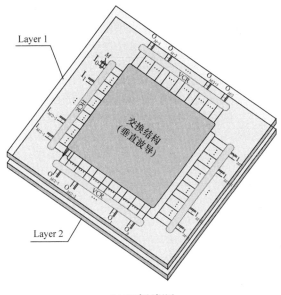

(b) 3D布局视图

图 3.23　*M×M* 的 POINT 结构[9]

在交换结构中，*M*/2 个水平(垂直)波导从北(东)到南(西)依次编号为 0～*M*/2-1，共同构成交叉的网格结构。*M*/2 个输入(输出)端口位于交换结构的西(南)侧，从北(东)到南(西)顺序编号为 0～*M*/2-1，其他 *M*/2 个位于东(北)侧，从北(东)到南(西)依次编号为 *M*/2～*M*-1。每个输入(输出)端口拥有 *M* 个水平(垂直)波导，从北(东)到南(西)顺序编号为 0～*M*-1。

表 3.4　所有通信可能的四种转向情况

	$O_0 \sim O_{M/2-1}$	$O_{M/2} \sim O_{M-1}$
$I_0 \sim I_{M/2-1}$	WS 转向	WN 转向
$I_{M/2} \sim I_{M-1}$	ES 转向	EN 转向

光信号以水平波导作为输入端口，以垂直波导作为输出端口，因此信号在到达目的端口之前必须经过 90°转弯。表 3.4 展示了路由时可能出现的四种转向类型，即 WN、WS、EN 和 ES 转向。交换结构中的微环谐振器被分成 4 组，每组 *M*/2 个，各组分别实现上述四种转向中的种。

图 3.24 展示了几种不同端口规模的 POINT 的交换结构。在 8×8 规模中，交换结构中的水平(垂直)波导保持平行，并且从北(东)到南(西)依次编号为 0～31。每个输入(输出)端口中的8个水平(垂直)波导从顶部(右侧)到底部(左侧)依次编号为0～7。

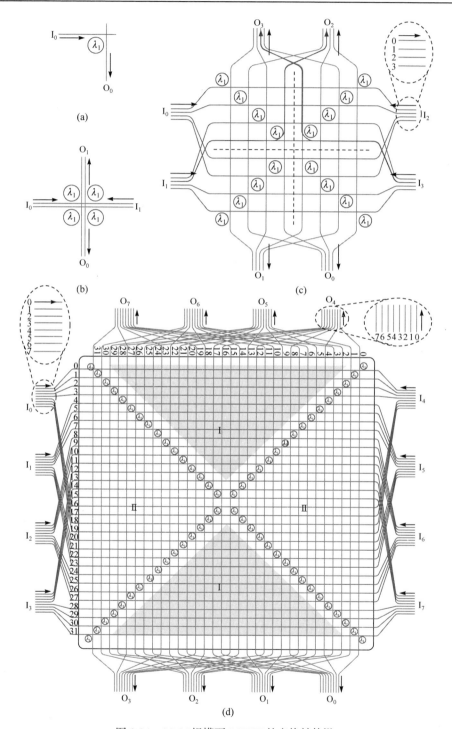

图 3.24　$M×M$ 规模下 POINT 的交换结构[9]

对于更大端口规模的 POINT 结构，交换结构中的波导数量随端口数目 M 急剧增加，面积开销也将急剧上升，HCR 和 VCR 中波导交叉的数量也随端口数目 M 呈指数增长，并会导致严重的路径插入损耗。如图 3.24(d)所示的 8×8 规模的 POINT 的交换结构，在区域 I 的水平波导和区域 II 的垂直波导中并不会出现光信号，波导资源的利用率急剧下降。因此可以将 1×1、2×2、4×4 和 8×8 等小端口数目的 POINT 交换结构作为基本模块，通过互连小端口规模的基本模块组成多级网络，来构建更大端口规模的光路由器。

2. 光路由器端口路由规则

POINT 结构中的所有微环谐振器尺寸相同，支持多个谐振波长。POINT 光路由器是一种静态光路由器，所有的微环谐振器均处于开启状态，以谐振波长为载波的光信号从输入端口注入后，沿着波导传输即可耦合到相应输出端口，路由时不需要外部控制单元参与配置微环谐振器，端口间的路由规则在于如何根据目的端口选择输入端口波导。

各端口之间的路由请求均只使用一个谐振波长作为工作波长。对于一个 $M \times M$ 规模的 POINT 结构，详细路由规则如下：当输入端口 I_i 与输出端口 O_j 通信时，光信号将被注入到 I_i 中第 $((\lfloor 2i/M \rfloor + \lfloor 2j/M \rfloor)\%2) \times ((j+M/2)\%M) + ((\lfloor 2i/M \rfloor + \lfloor 2j/M \rfloor + 1)\%2) \times (M-1-j)$ 水平波导，光信号沿着该波导即可。例如，在图 3.24(c) 所示的 4×4 规模的 POINT 结构中，来自 I_2 的光信号可以通过在 I_2 中注入第 3、2、0、1 水平波导进而分别到达 O_0、O_1、O_2、O_3。

POINT 光路由器结构有两个特点：①允许重复使用相同的波长，以同时在同一波导中实现两组通信。例如，在图 3.24(c)中，两个输入-输出对 $I_1 \rightarrow O_2$ 和 $I_3 \rightarrow O_3$ 可以在同一水平波导中同时通信。②任何输入端口可以通过该输入端口中的 M 个水平波导同时将光信号传输到 M 个输出端口，反之亦然。因此该架构可以支持总共 $M/2$ 个同时通信，每个输入-输出对都拥有专用的波导通信信道。

3. 性能分析

本节将分析 POINT 结构波长使用数量、硬件开销以及插入损耗性能，并与其他多波长光路由器结构的性能进行对比，包括 λ-Router 结构以及 GWOR 结构。

1) 波长使用数量

本节分析了上述三种光路由器结构应用到片上光互连网络时在不同网络规模下系统的波长使用情况，结果如表 3.5 所示。λ-Router 结构、GWOR 结构和一端口 POINT 结构使用的波长数量随着片上光互连网络规模的扩展而线性增加，因此这三种光路由器结构的可扩展性有限。POINT 结构使用的波长数与端口规模存在反比关系，这是因为 POINT 结构的端口规模越大，相同波长可以在不同波导中重复使用的次数越多，因此 POINT 光路由器需要的总波长数量越少。

表 3.5　不同网络规模下系统的波长使用数量

	4×4	8×8	12×12	16×16	64×64
λ-Router	4	8	12	16	64
GWOR	3	7	11	15	63
POINT (M=1)	4	8	12	16	64
POINT (M=2)	2	4	6	8	32
POINT (M=4)	1	2	3	4	16
POINT (M=8)	—	1	—	2	8

2) 硬件开销

本节分析了片上光互连采用上述光路由器结构时，在不同网络规模下的系统总微环谐振器使用数量，对比结果如表 3.6 所示。

表 3.6　不同网络规模下系统采用不同光路由器结构时的总微环谐振器数量

	λ-Router	GWOR	POINT (M=1, 2, 4, 8)
8×8	160	160	168
16×16	704	704	720
64×64	12032	12032	12096
256×256	— (规模受限)	— (规模受限)	195840

文献[10]中的 Corona 结构是一种典型的高带宽片上光互连结构，系统部署中使用了 1048576 个微环谐振器。片上光互连采用 POINT 结构时，在网络规模为 256×256 下需要使用 195840 个微环谐振器。在微环谐振器使用数量方面，256×256 网络规模下的片上光互连网络采用 POINT 结构能极大程度上节省系统的硬件开销。

本节还评估了各个光路由器结构的面积来进一步评估光路由器的硬件开销。面积评估时采用文献[10]中的方法，假设波导宽度为 450nm，所有微环谐振器的尺寸相同，且微环谐振器和波导之间的距离为 200nm，两个相邻平行波导之间的分隔空间为 5μm。在不同片上光互连网络网络规模下，上述光路由器的面积开销对比结果如图 3.25 所示。M=1 时 POINT 结构的面积开销在所有网络规模下均最小，8 端口 POINT 结构的面积开销曲线随网络规模增大而急剧增长。

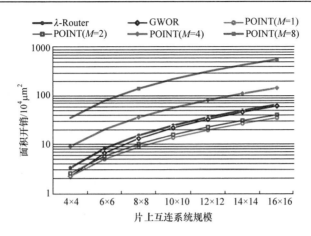

图 3.25　不同网络规模下各个光路由器结构的面积开销

3) 插入损耗

本节分析光路由器的网络路径级插入损耗，关注从源路由器经多个光路由器到目的路由器连接而成的一条网络路径的插入损耗。

图 3.26 和图 3.27 分别展示了不同网络规模下的最大网络路径的插入损耗和平均网络路径插入损耗。网络规模为 4×4 时，采用 GWOR 结构时最大网络路径插入损耗最小，但随着网络规模增大，波导交叉数量增加，最大网络路径插入损耗性能逐渐恶劣。由于采用双层耦合，POINT 结构中避免了大量的波导交叉，当网络规模扩展后，$M=1$ 的 POINT 结构和 $M=2$ 的 POINT 结构在路径插入损耗性能上要优于其他光路由器结构的性能。

综合考虑波分复用效率、面积开销、插入损耗，POINT 结构将是片上光互连中光路由器结构的优良方案。

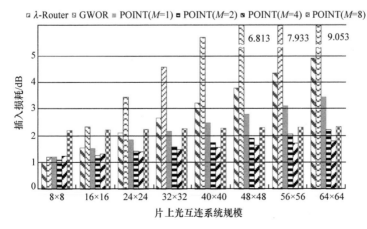

图 3.26　不同网络规模下的最大网络路径插入损耗

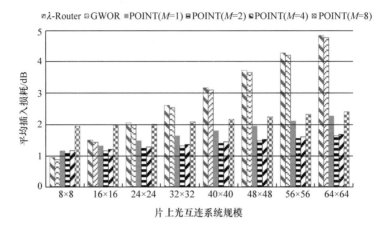

图 3.27 不同网络规模下的平均网络路径插入损耗

3.4 基于等离子体的片上光路由器

在第 2 章中介绍的基于等离子体技术的光交换单元能够在交换时延、能耗开销以及芯片尺寸方面上得到极大提升，本节将介绍两种基于等离子体的片上光路由器设计案例。

3.4.1 5 端口片上光路由器

本节介绍一种基于等离子体基本光交换单元的 5 端口光路由器 Waffle[11]，该路由器可应用于 Mesh 等拓扑结构。

1. 光路由器结构

Waffle 有 Injection/Ejection、North、East、South、West 5 个端口，由 10 根波导和 25 个等离子体波导块构成，如图 3.28(a)所示。每个波导环周围放置 4 个等离子体交换单元。这种排列方式减小了路由器的面积开销。由于整个结构仅有 2 个波导交叉，路由器的插入损耗降低。

Waffle 通过对特定等离子体交换单元施加控制电压来实现光信号交换功能。例如对于输入端口西到输出端口东的光信号，需要将 15 号等离子体交换单元设置为"关"状态，将 5、25、10、20、12、11 号设置为"开"状态。光信号依次穿过 5、25、10、20 号交换单元，接着在 15 号交换单元处转向，再依次穿过 12、11 号交换单元，最终到达输出端口东。为进一步减少等离子体交换单元数量，结合 Mesh 网络中常用的 XY 路由算法，Waffle 结构可以被优化。图 3.28(c)给出了一种基于 XY 路由算法的光路由器结构。该结构将 Waffle 中执行 Y 方向转 X 方向的等离子体交换单元去除。

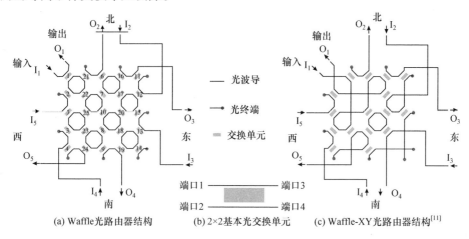

图 3.28　Waffle 和 Waffle-XY 光路由器结构

2. 光路由器端口路由规则

Waffle 具备严格无阻塞特性。当一个输入端口与一个输出端口通信时，输入端口和输出端口所在的路径资源会被占用。两条波导交叉点上的交换单元就需要被设置成"关"状态，而两条路径上的其他开关保持"开"状态。表 3.7 展示了具体的交换单元的配置规则，其中 I 代表输入端口，O 代表输出端口，m、n 编号参见图 3.28。任意两个端口间的通信路径只需要一个交换单元被设置成"关"状态。例如对于输入端口北到输出端口南的光信号，输入端口号为 2，输出端口号为 4，根据端口路由规则，只需将 17 号交换单元设置为"关"状态，12、20、18、19 号交换单元设置为"开"状态，即可完成光信号交换。光信号从输入端口 North 进入，穿过 12 号交换单元，在 17 号交换单元处转向，依次经过 20、18、19 号交换单元，最终到达输出端口南。

表 3.7　端口路由规则

光路径	等离子体波导块状态	开关编号
I_m 至 O_n	开	$\begin{cases} m+(i-1)\times 5, & i \in \{1,2,3,4,5\}, i \neq n \\ j+(n-1)\times 5, & j \in \{1,2,3,4,5\}, j \neq m \end{cases}$
	关	$m+(n-1)\times 5$

3. 性能分析

路径插入损耗是光路由器的关键性能指标。路径插入损耗直接影响着光路由器自身以及片上光互连系统的可扩展性。路径插入损耗通过累加路径上的损耗进行分析，主要考虑的损耗包括：波导交叉损耗、等离子体波导块"开"状态的损耗、等离子体波导块"关"状态的损耗。

图 3.29 展示了 Waffle 和 Waffle-XY 的路径插入损耗分析结果。插入损耗主要取决于每条路径中光信号需要经过的处于"开"状态的基于等离子体基本光交换单元的个数。在 Waffle 中，路径插入损耗最差的情况发生在 South 端口至 East 端口的通信中。在这条通信路径中，光信号穿过了 8 个处在"开"状态和 1 个"关"状态的交换单元，路径插入损耗高达 5.49dB。结果显示，Waffle 的平均路径插入损耗为 3.7902dB。由于等离子体波导块数量的减少，在 Waffle-XY 结构中，每条路径上的插入损耗都有不同程度的降低，平均路径插入损耗为 3.239dB。最大路径插入损耗发生在 Injection 端口至 South 端口的通信中，为 4.245dB，比 Waffle 结构的最大路径插入损耗降低了 22.7%。

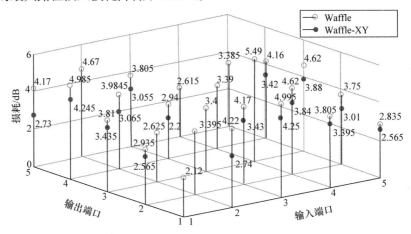

图 3.29　Waffle 和 Waffle-XY 的路径插入损耗

本节还将 Waffle 与其他 5 端口光路由器结构进行对比分析。如表 3.8 所示，这些光路由器结构基于不同类型的基本光交换单元组成，包括微环谐振器(MR)、马赫-曾德尔干涉仪(MZI)和基于等离子体的基本光交换单元。由于基于等离子体的基本光交换单元具有更快的响应时间和更小的面积开销，Waffle 的综合性能表现较为突出。

表 3.8　各个光路由器结构性能对比表

	Poon 等[12]	Jia 等[13]	Li 等[14]	Yaghoubi 等[15]	Sun 等[16]	Waffle
基本交换单元类型	MR	MR	MZI	MZI	等离子体波导块	等离子体波导块
开关数量	25	8	10	20	8	25/16

续表

	Poon 等[12]	Jia 等[13]	Li 等[14]	Yaghoubi 等[15]	Sun 等[16]	Waffle
平均损耗/dB	0.57	16.5	2.4	6	2.5	3.79/3.239
最大损耗/dB	1	18.3	9.6	8.4	3.2	5.49/4.245
面积/μm²	—	4.8×10^5	9.6×10^5	—	200	8.4×10^3
开关时间/ps	2×10^7	2×10^7	$10^6/10^3$	—	100	100
兼容 Mesh 网络	Yes	No	No	No	No	Yes

3.4.2　N 端口可扩展的片上光路由器

本节介绍一种由基于等离子体 2×2 基本光交换单元构建的 N 端口光路由器 Flexiswitch。该光路由器不仅可以用于构造基于不同拓扑的片上光网络，也可以作为交换单元用于实现 $N\times N$ 的光交换功能。

1. 光路由器结构

如图 3.30 所示，Flexiswitch 包括 N 根波导，$N \geqslant 2$。N 根波导位于同一平面内且平行排列，相邻波导之间放置数量不等的等离子体基本光交换单元，形成由 N 根波导组成的交换结构。其中第 k 根波导与第 $k+1$ 根波导之间的等离子体基本光交换单元的数量为 $N\!-\!k$ 个，且第 k 根波导与第 $k+1$ 根波导之间的每个等离子体基本光交换单元，分别位于第 $k\!-\!1$ 根波导与第 k 根波导之间相邻等离子体基本光交换单元之间空隙对应的位置。N 根波导光信号传输方向相同，通过相邻波导之间放置的等离子体基本光交换单元的开启或闭合，实现光信号从波导输入端 I 到输出端 O 的交换。

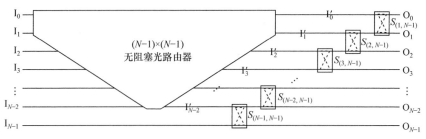

图 3.30　基于等离子体的 N 端口光路由器结构示意图

2. 端口扩展规则

在第 N 根波导的外侧增加 p 根与第 N 根波导位于同一平面且平行的波导，

$p \geqslant 1$。增加的 p 根波导光信号传输方向与第 N 根波导相同。在相邻的波导之间放置数量不等的等离子体基本光交换单元,形成由 $N+p$ 根波导组成的交换结构。其中第 k 根波导与第 $k+1$ 根波导之间的等离子体基本光交换单元的数量为 $N+p-k$ 个。

3. 光路由器端口路由规则

通过对交换单元中等离子体的状态进行配置(配置算法如算法 3.1 所示),可实现不同输入端口和不同输出端口之间的路由。以 8 端口 Flexiswitch 为例,如图 3.31 所示,对第一个输入端口 5 到输出端口 4 的请求,依次将 $S_{(4,7)}$ 设置成"开"状态,$S_{(3,6)}$ 设置成"开"状态,$S_{(2,5)}$ 设置成"关"状态,$S_{(3,5)}$、$S_{(4,5)}$、$S_{(5,5)}$ 设置为"开"状态,即完成输入端口 5 到输出端口 4 请求的交换单元配置。对其余请求的配置如表 3.9 所示。

算法 3.1　Flexiswitch 配置算法

Algorithm 3.1 (*input*, *output*, *group*)

---
if *input* < *group* **then**
　if $S_{(output, group)}$ = *CROSS* or *IDLE* **then**
　　　Set $S_{(output, group)}$ = *CROSS*
　　　Call Algorithm 3.1(*input*, *output*−1, *group*−1)
　else
　　　Set $S_{(output+1, group)}$ = *BAR*
　　　Call Algorithm 1(*input*, *output*−1, *group*−1)
　end if
else
　Set $S_{(output, group)}$ = *BAR*
　Set $\{S_{(output+1, group)}, \cdots, S_{(group, group)}\}$ = *CROSS*
　Finish
end if

以图 3.31 为例,对输入端口 1 到输出端口 5 的请求。首先,将第七组的 $S_{(5,7)}$ 和第六组的 $S_{(4,6)}$ 设置为"开"状态。接着,由于 $S_{(3,5)}$ 已经在先前的配置中被设置

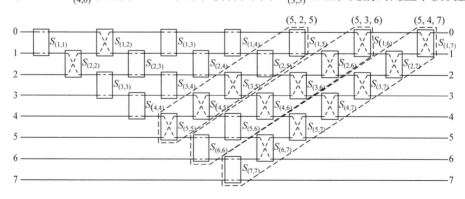

图 3.31　8×8 Flexiswitch 结构路由示意图

为"开"状态，对其不进行配置。然后，由于 $S_{(3,4)}$ 已经被设置为"关"状态，将第四组的 $S_{(4,4)}$ 设置为"关"状态。最后，根据配置算法，无需对第三、二、一组进行配置，即完成输入端口 1 到输出端口 5 请求的交换单元配置。

表 3.9　8×8 Flexiswitch 交换单元 step-by-step 配置表

组 I/O	G7	G6	G5	G4	G3	G2	G1
I_5—O_4	$S_{(4,7)}=1$	$S_{(3,6)}=1$	$S_{(2,5)}=0, S_{(3,5)}=1$ $S_{(4,5)}=1, S_{(5,5)}=1$	None	None	None	None
I_2—O_2	$S_{(2,7)}=1$	$S_{(1,6)}=1$	$S_{(1,5)}=0$	$S_{(1,4)}=0$	$S_{(1,3)}=0$	$S_{(1,2)}=1$ $S_{(2,2)}=1$	None
I_0—O_3	$S_{(3,7)}=1$	$S_{(2,6)}=1$	None	$S_{(2,4)}=0$	$S_{(2,3)}=0$	None	$S_{(1,1)}=0$
I_1—O_5	$S_{(5,7)}=1$	$S_{(4,6)}=1$	None	$S_{(3,4)}=0$	$S_{(3,3)}=0$	None	None
I_3—O_1	$S_{(1,7)}=1$	$S_{(5,6)}=1$	None	$S_{(4,4)}=0$	None	None	None
I_7—O_7	$S_{(7,7)}=0$	None	None	None	None	None	None
I_4—O_6	$S_{(6,7)}=1$	$S_{(6,6)}=0$	None	None	None	None	None
I_6—O_0	None	None	None	None	None	None	None

4. 性能分析

图 3.32 展示的是 8 端口 Flexiswitch 和基于 Benes 的光路由器在不同流大小下的平均插入损耗。相较于基于 Benes 的光路由器，Flexiswitch 的插入损耗较低。这是由于 Flexiswitch 完全没有波导交叉，并且由于特殊的路由规则，Flexiswitch 中较多的交换单元被设置为低插入损耗的"开"状态。

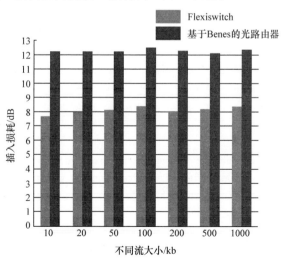

图 3.32　插入损耗对比图

参 考 文 献

[1] Gu H, Mo K H, Xu J, et al. A low-power low-cost optical router for optical networks-on-chip in multiprocessor systems-on-chip[C]//2009 IEEE Computer Society Annual Symposium on VlSI, Tampa, 2009: 19-24.

[2] Briere M, Girodias B, Bouchebaba Y, et al. System level assessment of an optical NoC in an MPSoC platform[C]//2007 Design, Automation & Test in Europe Conference & Exhibition, Detroit, 2007: 1-6.

[3] Shacham A, Lee B G, Biberman A, et al. Photonic NoC for DMA communications in chip multiprocessors[C]//The 15th Annual IEEE Symposium on High-Performance Interconnects, Stanford, 2007: 29-38.

[4] Huang L, Wang K, Qi S, et al. Panzer: A 6× 6 photonic router for optical network on chip[J]. IEICE Electronics Express, 2016, 13(21): 1-6.

[5] Batten C, Joshi A, Orcutt J, et al. Building many-core processor-to-DRAM networks with monolithic CMOS silicon photonics[J]. IEEE Micro, 2009, 29(4): 8-21.

[6] Zhu K, Zhang B, Tan W, et al. Votex: A non-blocking optical router design for 3D optical network on chip[C]//2015 the 14th International Conference on Optical Communications and Networks, Huangshan, 2015: 1-3.

[7] Gu H, Xu J, Wang Z. ODOR: A microresonator-based high-performance low-cost router for optical networks-on-chip[C]//Proceedings of the 6th IEEE/ACM/IFIP International Conference on Hardware/Software Codesign and System Synthesis, Atlanta, 2008: 203-208.

[8] Gu H, Xu J, Wang Z. A low-power fat tree-based optical network-on-chip for multiprocessor system-on-chip[C]//Proceedings of the Conference on Design, Automation and Test in Europe, Nice, 2009: 3-8.

[9] Chen K, Gu H, Yang Y, et al. A novel two-layer passive optical interconnection network for on-chip communication[J]. Journal of Lightwave Technology, 2014, 32(9): 1770-1776.

[10] Vantrease D, Schreiber R, Monchiero M, et al. Corona: System implications of emerging nanophotonic technology[C]//International Symposium on Computer Architecture, Beijing, 2008, 36(3): 153-164.

[11] Tang C, Gu H, Wang K. Waffle: A new photonic plasmonic router for optical network on chip[J]. IEICE Transactions on Information and Systems, 2018, E101-D(9): 2401-2403.

[12] Poon A W, Xu F, Luo X. Cascaded active silicon microresonator array cross-connect circuits for WDM networks-on-chip[C]//Silicon Photonics III. International Society for Optics and Photonics, 2008, 6898: 689812.

[13] Jia H, Zhao Y, Zhang L, et al. Five-port optical router based on silicon micro ring optical switches for photonic networks-on-chip[J]. IEEE Photonics Technology Letters, 2016, 28(9): 947-950.

[14] Li X, Xiao X, Xu H, et al. Mach-Zehnder based five-port silicon router for optical interconnects[J]. Optics Letters, 2013, 38(10): 1703-1705.

[15] Yaghoubi E, Reshadi M. Five-port optical router design based on Mach-Zehnder switches for photonic networks-on-chip[J]. Journal of Advances in Computer Research, 2016, 7(3): 47-53.

[16] Sun S, Narayana V K, Sarpkaya I, et al. Hybrid photonic-plasmonic nonblocking broadband 5× 5 router for optical networks[J]. IEEE Photonics Journal, 2017, 10(2): 1-12.

第4章　片上光互连架构的研究现状

片上光互连架构不但决定着片上网络中不同节点的互连方式，而且影响着路由器的设计、通信协议的选择以及路由策略和芯片的布局布线方法，同时决定着路由器端口与网络链路数量，进而影响网络的时延、吞吐、功耗和可靠性等总体性能，选择和设计合适的片上拓扑结构是片上光互连架构研究中的关键技术。拓扑结构的评价涉及几个重要标准，包括节点度(node degree)、路径多样性(path diversity)、直径(diameter)、平均距离(distance)和对分带宽(bisection bandwidth)等。节点度是指拓扑中与节点相连的链路数目，节点度大意味着路由器端口数量大；路径多样性是拓扑中的任何两个节点之间提供各种等效且不相交的路径的数量；直径是拓扑中最远的两个节点之间的距离；平均距离是拓扑中所有最短路径的平均跳数；对分带宽是指当拓扑平分为大小相同的两部分时，所切断最少链路数下链路的总带宽。典型的片上拓扑结构包括基于环形拓扑的片上光互连、基于网格拓扑的片上光互连、基于树形拓扑的片上光互连和基于多级网络的片上光互连。本章主要介绍各种片上光互连架构经典拓扑及研究进展情况。

4.1　基于环形拓扑的片上光互连

环形拓扑是一种常见的拓扑结构，广泛应用于各种类型的网络中，基于环形拓扑的片上光互连如图4.1所示。片上IP核通过各自的光接入点连接到环形波导，核间通信首先由源节点发送信息，通过光接入点将信息发送到环形闭合光波导，再通过环形光波导传输到目的节点。由于所有IP核间通信均在环形闭合光波导中进行，核间通信存在竞争问题。解决竞争的方式有：①仲裁控制机制，在每次IP核间通信开始前，通过仲裁单元决定当前可以进行通信的IP核；②波长路由机制，不同IP核间通信时使用不同波长的光信号进行通信。根据通信时竞争的不同解决方式，环形拓扑片上光互连可分为采用仲裁控制机制的环形拓扑和采用波长路由机制的环形拓扑。采用仲裁机制的片上光互连架构利用波分复用技术实现更大的通信带宽；采用波长路由机制的片上光互连架构使用不同波长实现多个光信号在同一波导内的并行传输，以获得更低的通信时延。采用仲裁控制机制的环形拓扑中，具有代表性的架构有Corona[1]、Firefly[2]和Chameleon[3]等；采用波长路由机制的环形拓扑中，具有代表性的架构有ORNoC[4]和SUOR[5]等。

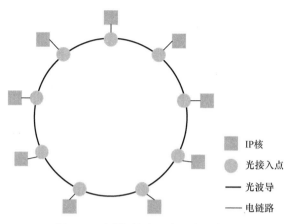

图 4.1 环形拓扑片上光互连示意图

Corona[1]是采用仲裁控制机制的片上光互连经典架构,设计目标是实现 16nm 工艺下 256 个 IP 核之间的光互连。如图 4.2 所示,架构中 4 个 IP 核组成一个簇,所有 IP 核排列为 64 个簇,使用环形总线相互连接。该架构中采用多写单读(multi-write-single-read)的光总线实现簇间互连,并通过光令牌解决通信资源竞争的仲裁问题。光令牌代表了在某根波导中某个波长的使用权,如果一个簇节点得到光令

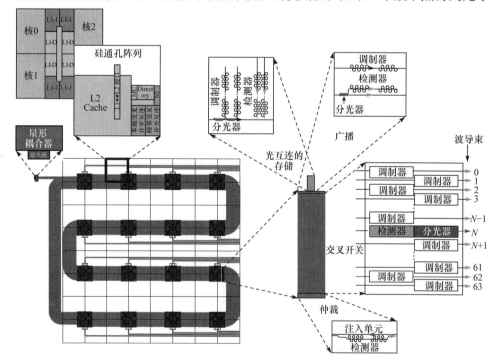

图 4.2 Corona 架构示意图[1]

L1-I 即一级指令缓存(L1 instruction cache);L1-D 即一级数据缓存(L1 data cache)

牌，将获得与此令牌对应簇节点通信的权力，通信完成后将光令牌释放使得其他簇节点可以继续使用。

如图 4.3 所示，多写单读系统中的每个节点(R_0，R_1，…)只能从特定的数据信道上读取数据，但是可以在多个数据信道中写入数据。所有发送给节点 R_{N-1} 的数据都必须通过 CH_{N-1} 进行传输。CH_{N-1} 中只负责目的节点 R_{N-1} 与其他源节点的数据通信。节点 R_{N-1} 可以向除 CH_{N-1} 外的数据信道写入向目的节点发送的数据。多写单读系统中需要使用源节点仲裁机制解决通信时存在的节点竞争问题。

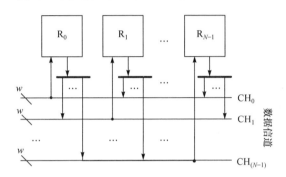

图 4.3　多写单读系统

与 Corona 不同，Firefly[2]是基于单写多读(single-write-multi-read)片上的环形光互连架构。如图 4.4 所示，该架构将 4 个 IP 核连接至同一个路由器，4 个路由器连接的 16 个 IP 核组成一个簇，各个路由器通过环形波导相连。该架构中簇内采用电互连方式实现短距离本地通信，簇间采用光互连方式实现长距离通信。每一个路由器用 CxRy 进行标识，x 是簇的 ID，y 是路由器集合的 ID。具有相同 x 值的路由器处于同一簇内，通过电网络进行通信；具有相同 y 值的路由器处于同一路由器集合内，通过片上光链路进行通信。图 4.4 中路由器 C0R0、C0R1、C0R2 和 C0R3 之间通过电网络相连，形成一个簇结构；路由器 C0R0、C1R0、C2R0 和 C3R0 之间通过光交叉开关和波导相连，形成逻辑上的路由器集合。位于同簇同路由器集合的 IP 核间，通过对应路由器进行通信；位于同簇不同路由器集合的 IP 核间，通过簇内电网络进行通信；不同簇同路由器集合的 IP 核间，通过光波导将数据信息发送至同簇后，进行同簇同路由器集合通信；不同簇不同路由器集合的 IP 核间，通过簇内电网络将数据信息发送至不同簇同路由器集合后，进行不同簇同路由器集合通信。为了避免光交叉开关全局仲裁的开销，Firefly 将全局交叉开关分成若干个小规模的交叉开关，并在各交叉开关实现本地仲裁，以减少网络能耗。

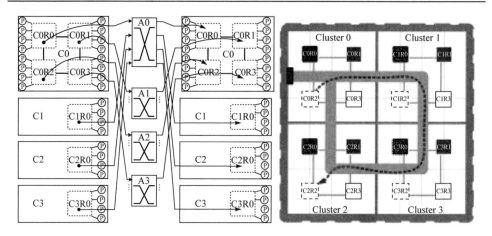

图 4.4　Firefly 架构示意图[2]

　　如图 4.5 所示，单写多读系统中的每个节点(R_0，R_1，…)只能在特定的数据信道上写入数据，而可以从多个数据信道中读取数据。所有从节点 R_{N-1} 产生的数据都需要通过 CH_{N-1} 发送至其他节点。CH_{N-1} 中只负责源节点 R_{N-1} 与其他目的节点的数据通信。节点 R_{N-1} 可以从除 CH_{N-1} 外的数据信道读取特定源节点发送的数据。单写多读系统中采用广播的方式从源节点发送数据，需要使用目的节点仲裁机制保证数据在目的节点正确接收。

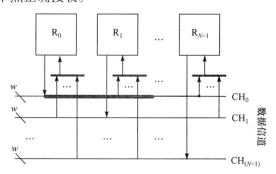

图 4.5　单写多读系统[2]

　　Corona 和 Firefly 中点对点通信的带宽固定，导致在通信负载较低时系统的资源利用率低。Chameleon[3]片上光互连架构采用环形拓扑结构，并使用仲裁控制解决 IP 核间通信竞争问题，该架构中电层的每个 IP 核对应连接一个光层中的光网络接口，多个光网络接口通过环形波导相连(见图 4.6)。针对传统架构由于通信带宽固定导致的低负载时资源利用率低的问题，该架构采用通信带宽动态配置方案，根据通信需求和通信状况实时动态调整 IP 核间的可用通信波长数量。存在多对路径重叠的 IP 核间通信时，不同通信对间通过仲裁控制分配不同的波长避免通信干扰；存在多对路径互不重叠的 IP 核间通信时，可动态调整每对 IP 核间通信时使用的波长数量，通过波分复用技术提高通信带宽和资源利用率。

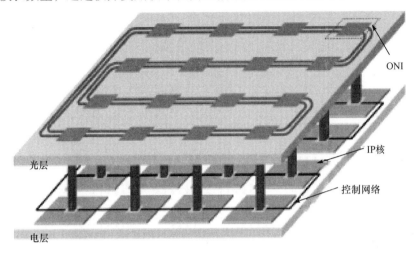

图 4.6　Chameleon 架构示意图[3]

采用仲裁控制机制的片上光互连多使用波分复用技术以提高通信带宽。使用波分复用可极大地提高核间通信的带宽，但却无法缓解基于环形拓扑的片上光互连的核间通信竞争问题。波长路由利用不同波长的光信号可在同一根波导中同时传输的特性，实现同一波导中多个通信对的并行通信。在片上光互连中使用波长路由技术能够有效地缓解环形拓扑中的核间通信竞争问题，降低通信时延和网络复杂度。

ORNoC[4]是采用波长路由机制的环形片上光互连架构。图 4.7(a)所示为单根波导连接 8 个光网络接口(optical network interface，ONI)的 ORNoC 架构。图 4.7(b)所示为架构的虚拟环示意图，从内到外每个虚拟环对应一个特定的波长，图中 6 个虚拟环分别代表 6 种不同的波长。虚拟环中某两个光接口间用实线相连意味着这两个光接口间可使用对应波长进行通信。例如从 ONI_A 到 ONI_B、从 ONI_B 到 ONI_C 和从 ONI_C 到 ONI_D 等光接口间的通信可使用波长 λ_1 实现，从 ONI_C 到 ONI_D、从 ONI_D 到 ONI_E 和从 ONI_E 到 ONI_F 等光接口间的通信可使用波长 λ_4 实现。每个虚拟环中按照光接口分为 p1～p8 共 8 个部分，每个部分对应不同虚拟环的波长都可用于对应光接口间的通信。例如从 ONI_A 到 ONI_B 可使用波长 λ_1、λ_2、λ_5 和 λ_6 进行通信，从 ONI_H 到 ONI_B 可使用波长 λ_1、λ_5 和 λ_6 进行通信。对于通信路径不重叠的多个通信对，可以使用同一个波长进行同时通信；对于通信路径重叠的多个通信对，从虚拟环中选取不同波长可进行同时并行通信。由于现有技术限制，单根波导中可以复用的波长数有限，限制了整体架构的扩展能力。ORNoC 在符合波长及波导数量限制的条件下，使用多根波导组成多重物理环以提供更多的通信信道数目。多重物理环结构的 ORNoC 不存在波导交叉，通信过程中的功率损失小；通信路径静态确定，节省了激光源的功率开销。

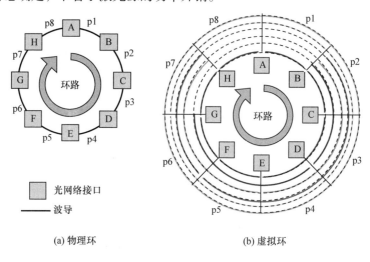

(a) 物理环　　　　　　　　　　(b) 虚拟环

图 4.7　ORNoC 架构示意图[3]

ORNoC 中通过针对不同波长指定约束条件，实现固定距离的通信。在基于环形的分段单向片上光互连架构(sectioned undirectional optical ring, SUOR)[5]中，将约束对象变为数据信道，通过将数据信道分组实现某距离内 IP 核间通信。SUOR架构如图 4.8 所示，片上 IP 核被分成多个簇，各个簇通过多个闭合的环形光波导

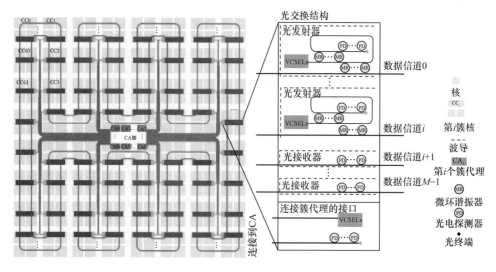

图 4.8　SUOR 架构示意图[5]

相连，形成核间通信的各数据信道。该架构中，每个簇通过专用的光交换接口与数据信道相连，每个数据信道可被多个簇访问，同信道内可容纳多个并发通信。数据信道被分为若干小组，允许距离在区间 $2i-1$ 到 $2i$ 范围内的节点使用第 i 组信道进行数据传输。第 i 组数据信道内部被分为 $N/2^i$ 个长度为 2^i 的部分。不同组间通信无需仲裁，可以提高网络的资源利用率，并减少控制开销。控制子系统中，每个簇分配一个控制器，用于进行数据传输信道的建立和流量控制，每组信道都能够独立使用，以提高传输性能并且减小能耗。

基于环形拓扑的片上光互连架构 2D-IIERT[6]采用波长路由机制、波分复用技术和全光控制结构(见图 4.9)，消除部分节点对光资源预留的要求，降低了通信时延和面积开销。该架构将数据层节点分簇后通过基于环形拓扑的片上光链路连接，采用确定性最短路径路由算法进行通信路径规划。通信时，去往特定节点的光信号被调制到特定的波长上，网络中的无源光路由器根据不同波长进行光信号的交换传输。当该结构扩展网络规模时，具有较为恒定的节点度。该架构中的光交换开关具有端口数少和结构简单的特性。

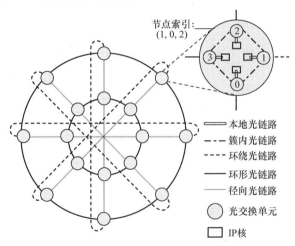

节点索引：
(1, 0, 2)

—— 本地光链路
- - 簇内光链路
- - - 环绕光链路
—— 环形光链路
—— 径向光链路
⚪ 光交换单元
☐ IP 核

图 4.9　2D-HERT 架构示意图[6]

基于环形拓扑的片上光互连随着通信流量的变化、不同应用的特性等，不再是固定的一种环形结构，时延和吞吐等通信性能的优化，不再仅限于简单的采用波长路由机制或仲裁控制机制的设计。IMR(隔离多环)[7]是一种基于遗传算法训练出的层叠型片上多环结构。该结构中的每个节点由一个开销非常小的接口负责数据的接收与转发，接口数为通过此节点的环数。该环形拓扑结构特点为：①多个环互不相连；②每个节点被多个环覆盖，任意两节点之间必被某一个或多个环连接，通过选择不同的环以到达目的节点，传输过程不跳环；③发送数据前由每个节点中代替复杂路由设备的简化接口，决定选哪个环进行通信。既可以利用环形拓扑中路由简单的优点，又可以借助多环消除时延过大和扩展性差的缺点。此多环结构根据遗传算法训练形成，在性能上逼近最优。

4.2　基于网格拓扑的片上光互连

基于网格拓扑的片上光互连架构中，规则的布局有利于架构的扩展，同等节点规模下网格拓扑较环形拓扑具有更高的对分带宽。图 4.10 所示为规模为 6×6 的 2D Mesh 片上光互连架构[8]。该架构由两部分构成：①光路由器和波导组成的网格型光传输网络，用于传输数据信息；②与光传输网络拓扑结构相同的电控制网络，将全部的光路由器的控制单元相连，用于传输控制信息。通信时采用电控制-光传输的方式，IP 核间通信请求产生后，源 IP 核产生控制信息，并根据路由算法将其发送至目的 IP 核实现通信路径预约；通信路径确定后，源 IP 核将数据信息调制成光信号注入到波导中，经由路径上的光路由器传输至目的 IP 核。

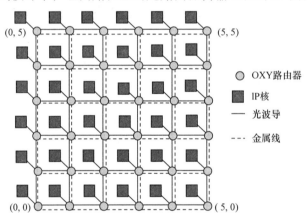

图 4.10　6×6 的 2D Mesh 架构示意图[8]

光互连的特性决定其更适用于长距离通信。传统 2D Mesh 片上光互连架构中，通信距离较短时采用光互连进行数据信息传输，会造成通信成本增加。基于光电混合互连和 2D Mesh 拓扑结构的 Lego[9]片上互连架构，通过使用电链路进行短距离通信和光链路进行长距离通信的方法，在降低系统通信开销的同时提高通信性能。如图 4.11(a)所示，Lego8 的每行和每列各有 4 根 U 型波导，每根波导连接 16 个节点。相邻节点间的通信通过电传输直接实现，非相邻节点间的通信通过一次电传输和一次光传输(或一次光传输和一次电传输)即可实现。Lego16 与 Lego8 有相同的节点数目和相似的互连结构和通信特性。如图 4.11(a)所示，Lego16 比 Lego8 增加了一定数量的 U 型波导，Lego16 的每行和每列各有 8 根 U 型波导，每根波导连接 8 个节点。相比于 Lego8，Lego16 使用更多光链路增加了架构的对分带宽，但也会增加架构开销和通信损耗。可以根据对分带宽和功耗需求权衡选择 Lego8 或 Lego16 架构。

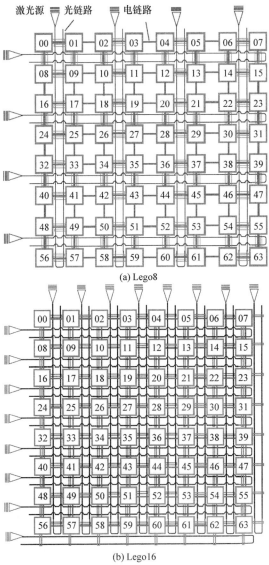

(a) Lego8

(b) Lego16

图 4.11　Lego 架构示意图[9]

网格型片上光互连架构 Amon[10]可以解决基于 2D Mesh 片上光互连静态功耗高的问题。该架构中将所有 IP 核分为四组，组内的各个 IP 核分配不同的接收波长(见图 4.12)。组内的所有 IP 核通过波导相连形成网格拓扑结构，组间通过组间波导相连。每个 IP 核都被分配特定的接收波长，整个架构中所有 IP 核可通过静态波长路由实现 IP 核间的相互通信。通过合理布局架构，Amon 减少了微环谐振器数量和波长数量，进而降低了传输过程中产生的损耗，提升了架构的可扩展性。通信过程中，Amon 可动态配置传输带宽，实现不同 IP 核通信时波长资源的复用，降低架构的静态功耗。

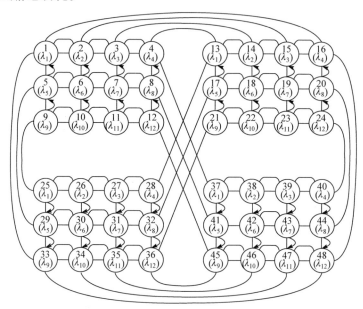

图 4.12　Amon 架构示意图[10]

当架构规模进一步拓展时，2D Mesh 拓扑结构中网络直径和网络平均距离增长过快，会引起严重的通信阻塞，在高通信负载率时，架构中的资源竞争更为严重。基于 2D Mesh 拓扑结构的片上光互连架构易受平面特性的限制，存在大量的波导交叉，插入损耗较高，串扰噪声严重。片上光互连缺少中继器，光传输时串扰噪声将不断累积，通信信噪比随着网络规模的扩大而急剧下降，引起数据的不可靠传输。以上原因使得 2D Mesh 拓扑结构存在扩展规模受限问题。基于簇结构的改进型 2D Mesh 拓扑结构、Torus 拓扑结构和 3D Mesh 拓扑结构可以解决传统基于 2D Mesh 片上光互连架构面临的难以扩展的问题。

基于簇结构的改进型 2D Mesh 片上光互连架构 T-PROPEL[11]中，在不同维度上采用不同的连接方式和通信机制，实现面积、时延和复杂度的优化(见图 4.13)。该架构中每个簇结构包括一个电交叉开关和与其相连的四个 IP 核，每个 IP 核独享一级缓存，四个 IP 核共享二级缓存。16 个簇通过光传输单元以 4×4 的网格形式相连形成 64 核片上光互连架构。该架构中簇内通信使用电交换，簇间通信使用光交换。簇间光交换时无需给每个 IP 核单独提供激光源，降低了互连成本。

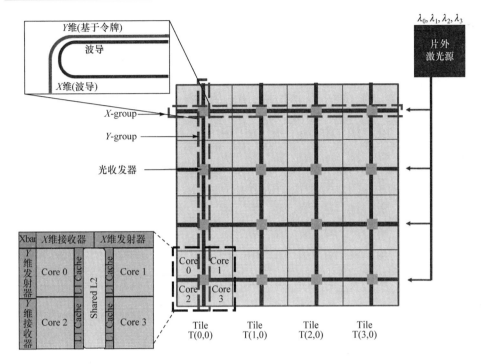

图 4.13　64 核 T-PROPEL 架构示意图[11]

另一种基于簇结构的改进型 2D Mesh 片上光互连架构 H²ONoC 架构[12]可以大幅降低光电混合互连中的波导交叉数目。如图 4.14 所示，该架构中的每个簇由

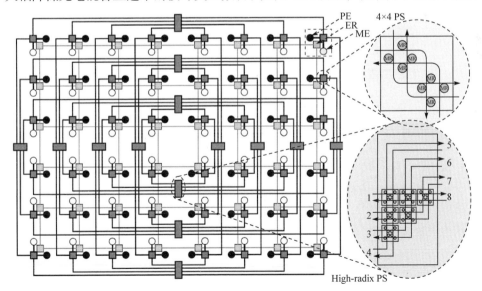

图 4.14　H²ONoC 架构示意图[12]

存储单元(memory element, ME)、处理单元(processing element, PE)、电路由器(electrical router, ER)和光开关(photonic switching, PS)组成。电层采用 Mesh 拓扑，各个相邻簇通过电路由器相连；光层中每个簇的光开关通过波导连接两个高阶光开关(high-radix PS)，所有簇通过光开关相连形成混合拓扑。相邻簇间通过电路由器进行通信，非相邻簇间通过光开关进行通信。相比于传统的 2D Mesh 光互连架构，H²ONoC 通过使用混合拓扑结构和通信路径优化策略，能够减少平均通信距离和损耗。

Torus 拓扑结构被提出并用以解决基于网格拓扑的扩展性问题。Torus 在 Mesh 拓扑结构的基础上将边缘节点互连构成环绕式连接，以减小网络直径和平均距离的，同时提供更好的路径多样性和负载均衡特性。Torus 分为未折叠(unfolded)和折叠(folded)拓扑[13]。与未折叠 Torus 相比，折叠 Torus 将每行和每列节点折叠，以平衡节点间的传输距离，避免了在未折叠 Torus 中由于环绕式链路造成的通信时延不均衡问题和额外能量损耗。基于 Torus 拓扑的片上光互连中，以折叠 Torus 拓扑结构为基础的一个典型片上光互连架构[14]如图 4.15 所示，正方形框为网关节点，浅色椭圆为网络接口，包括网关交换单元(Gateway)、注入交换单元(Inject)和注出交换单元(Eject)，网关节点通过网络接口连入 Torus 拓扑；深色椭圆为 4×4 光交换开关，负责光信号在 Torus 拓扑中的交换传输。

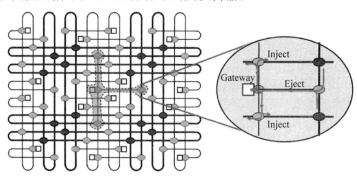

图 4.15　2D 折叠 Torus 架构示意图[14]

3D Mesh 拓扑结构将 2D Mesh 拓扑结构拓展到三维平面，在面积开销相同的情况下，3D Mesh 拓扑可以容纳更多的节点。通过层间互连，3D Mesh 拓扑可以有效地增加 IP 核数量、通信资源和片上存储资源，提高基于网格拓扑片上光互连架构的扩展性。图 4.16 所示为 4×4×4 规模的 3D MONoC[15]架构。该结构中所有 IP 核位于三维交叉点处，通过片上光路由器接入到 3D 光互连架构中；同层内的片上光路由器通过光波导互连形成 2D Mesh 拓扑，不同层对应位置的光路由器通过 TSPV 互连形成 3D MONoC 架构。相比于 n×n 规模的 2D Mesh 架构，3D MONoC

能够在布局面积相同的情况下容纳 n^3 个 IP 核，拥有更好的路径多样性和更多通信资源。

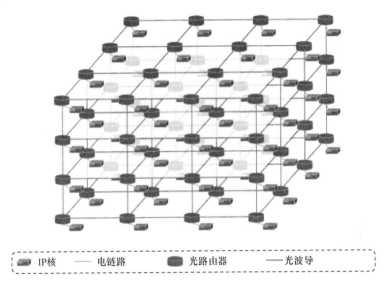

图 4.16　3D MONoC 架构[15]

　　另一种新型的 3D X-Mesh 片上光互连架构[16](见图 4.17)中包含两种光路由器结构：层内光路由器(intra-layer OR)和垂直光路由器(vertical OR)。第一层和第三层中，6 个端口的层内光路由器连接至本地 IP 核和 4 个相邻节点的层内光路由器。为了实现层间数据传输，第二层中的层内光路由器额外连接了一个垂直光路由器。该架构中包括用于传输控制信息的电控制层和用于传输数据信息的光层。IP 核产生通信需求时，源节点通过电控制层向目的节点发送路径设置信号，路径设置信号到达目的节点过程中，光层根据路径设置信号配置光路由器，建链光通信链路。与传统的 3D Mesh 片上光互连架构需要 7 个光路由器端口实现数据传输相比，3D X-Mesh 中光路由器只需要 6 个端口，能够有效地减少光路由器中光交换开关和交叉波导的数量，降低了通信能耗和成本。

　　为了让 3D 片上光互连架构能够容纳更多的节点，可将传统基于 Mesh 的 3D 片上光互连拓扑进行压缩[17]。通过将多层光层拓扑压缩到同一层内并进行合理布局，可在增加网络节点容量的同时保持低光功率损耗，如图 4.18 所示。该片上光互连架构中的多个光层合并为同一光层，IP 核分布在多个电层中，各层间通过 TSV 垂直互连。光层中通过合理布局各个光路由节点和波导位置，减少了由于波导交叉和弯曲带来的光功率损耗。

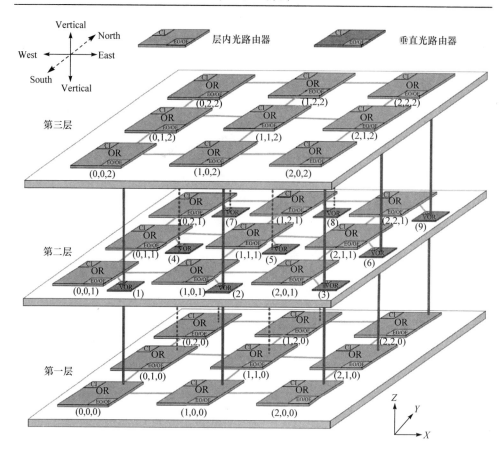

图 4.17　3D X-Mesh 架构示意图[16]

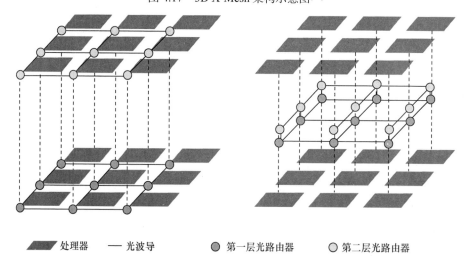

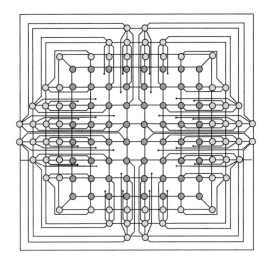

图 4.18　3D 片上光互连架构拓扑压缩和布局示意图[17]

4.3　基于树形拓扑的片上光互连

图 4.19 为基于树形拓扑的片上光互连示意图,所有的叶子节点由 IP 核构成,拓扑中根节点和分支节点由片上光路由器构成,子节点、分支节点和根节点通过光波导相连。IP 核间通过各个分支节点和根节点中的片上光路由器进行数据的交换传输。

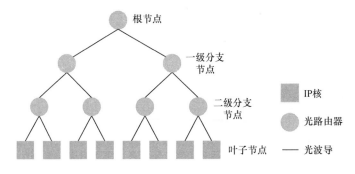

图 4.19　基于树形拓扑的片上光互连示意图

胖树(FatTree)是一种基于树形拓扑改进的树形拓扑结构。该拓扑中每一级分支使用不同的链路带宽,越靠近树根部的链路带宽越大。整体架构中靠近树根部的分支节点中有更多的流量经过,链路带宽的增加可容纳更多的通信流量,以解决传统树形拓扑中由于根部链路通信瓶颈导致的通信阻塞问题。

FONoC[18]是基于胖树拓扑的片上光互连架构。如图 4.20 所示,IP 核与片上光路由器之间通过胖树拓扑互连，具有更加丰富的链路多样性；IP 核通过光电和电光接口连接到光转向路由器(optical turnaround router, OTAR)。规模为(l, k)的FONoC 中用一个 l 级的胖树连接 k 个 IP 核。该架构的第 0 层有 k 个 IP 核，其他层有 $k/2$ 个光转向路由器；连接 k 个 IP 核所需要的层数为 $l = \log_2 k +1$。当需要连接至其他的片上互连架构或片外存储时，最顶层的光转向路由器负责信号的片间传输；在这种情况下，架构中所需光转向路由器的个数为$(k/2)\log_2 k$。如果未使用片间光互连网络，架构中的光转向路由器个数为$(k/2)(\log_2 k-1)$。光转向路由器间通过两根光波导实现双向光互连通信。

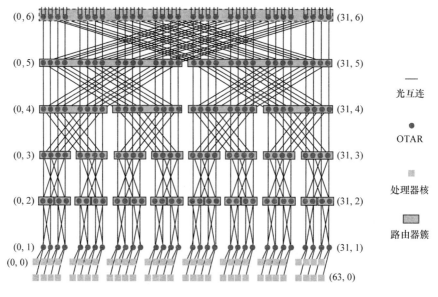

图 4.20 FONoC 架构示意图[18]

蝶形胖树(butterfly FatTree)是在胖树的基础上进行改进的树形拓扑结构。基于蝶形胖树的片上光互连能够提供两个节点之间的路径分集，有利于设计容错能力好和负载更均衡的片上光互连架构。基于蝶形胖树的片上光互连架构的平均距离和直径比基于胖树、Mesh 和 Torus 的片上光互连架构都显著减少，有利于降低平均通信时延和能耗的开销；基于蝶形胖树的片上光互连架构中的波导交叉的数量小于基于胖树的片上光互连架构，有利于降低激光源功率。

BONoC[19]是基于蝶形胖树的片上光互连架构，图 4.21 所示为基于蝶形胖树的 64 核 BONoC。该架构中包括路由器和 IP 核两种节点，分别位于不同的层级。IP 核处于架构最底层，通过电/光和光/电转换接口连接到第一层的路由器，路由器负责在不同层级的分支节点间转发光信息。随着层级的提高，每个层级的路由器数量减少一半。层级的数量由 IP 核数量决定，如果 IP 核的数量为 N，层级的数量为 log₄ N+1。该架构中的每个节点标记为(x, y)，标志该节点是第 y 层的第 x 个节点。每个分支节点通过向上的两个端口和向下的四个端口连接两个上层节点和四个下层节点。最顶层的路由器只使用四个向下端口，可以使用端口数目较少的片上光路由器。该架构中包括数据网络和控制网络，两个网络相互重叠拓扑相同。数据网络由波导连接的片上光路由器组成，负责传输数据分组；控制网络由电链路连接的控制单元组成，负责传输控制分组。

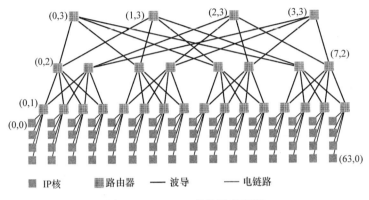

图 4.21　BONoC 架构示意图[19]

基于蝶形胖树拓的 HONoC[20]是采用虫孔交换机制的片上光电混合互连架构，如图 4.22 所示。BONoC 架构中所有片上光路由器之间均由波导相连，而 HONoC 中的 IP 核与第一级电路由器之间采用电链路相连。HONoC 架构中第一级电路由器和与之相连的 IP 核形成簇结构，簇内采用电路由器进行通信，簇间通信采用混合路由器(hybrid router)进行通信。混合路由器和与之相连的簇形成组结构，组间通过特定波长的光信号进行通信。

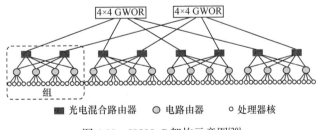

图 4.22　HONoC 架构示意图[20]

4.4　基于多级拓扑的片上光互连

多级拓扑结构中采用分级交换实现节点间的通信，常见的多级拓扑有 Clos[21]和 Benes[22-26]两种。如图 4.23 所示，Clos 拓扑结构中有三级交换结构，n 个终端连接至第一级交换结构中的一个交换单元，每级交换结构有 m 个交换单元，各级 m 个交换单元间通过 m^2 条链路全互连，$n×m$ 个终端可通过三级交换结构中 $3m$ 个交换单元形成逻辑上的连接。不同于只有三级交换结构的 Clos 拓扑，n 个终端的 Benes 拓扑结构中拥有 $2\log_2 n-1$ 级交换结构，两个终端连接至第一级交换结构中的一个交换单元，每级交换结构有 $n/2$ 个交换单元，每个交换单元通过两条链路与下一级中的交换单元相连，n 个终端可通过 $2\log_2 n-1$ 级交换结构中 $(2\log_2 n-1)×(n/2)$ 个交换单元形成逻辑上的连接。如图 4.24 所示为 8 终端 5 级交换结构的 Benes 拓扑结构。

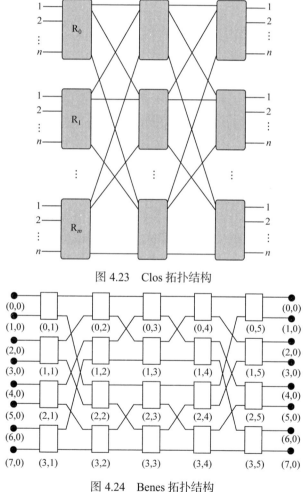

图 4.23　Clos 拓扑结构

图 4.24　Benes 拓扑结构

采用 Clos 拓扑结构的片上光互连架构[27]如图 4.25 所示。该架构中 64 个 IP 核分成 8 组连接至第一级交换结构中的 8 个片上光路由器，每个第一级片上光路由器连接有 8 个 IP 核；第一级核第三级中的片上光路由器分别通过 8 条光链路与第二级交换结构中的 8 个片上光路由器形成全互连。任意两个不连接至同一片上光路由器的 IP 核间通信距离为 4。采用 Clos 拓扑结构的片上光互连架构拥有丰富的路径多样性，网络对分带宽大。但是由于交换结构级间波导交叉带来的通信损耗严重，会影响架构通信的可靠性并增加通信能耗。

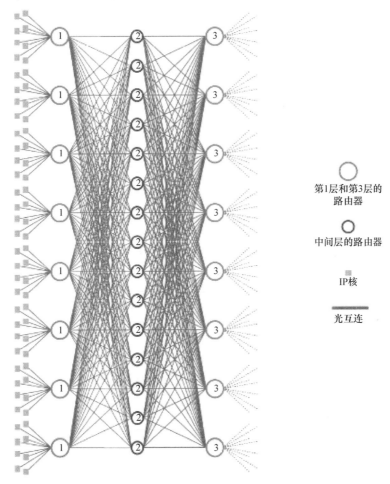

第1层和第3层的
路由器

中间层的路由器

IP核

光互连

图 4.25　基于 Clos 拓扑结构的片上光互连架构示意图[27]

参 考 文 献

[1] Vantrease D, Schreiber R, Monchiero M, et al. Corona: System implications of emerging nanophotonic technology[C]//International Symposium on Computer Architecture, ACM, Beijing, 2008, 36(3): 153-164.

[2] Pan Y, Kumar P, Kim J, et al. Firefly: Illuminating future network-on-chip with nanophotonics[C]//

International Symposium on Computer Architecture, ACM, Austin, 2009, 37(3): 429-440.

[3] Le Beux S, Li H, O'Connor I, et al. Chameleon: Channel efficient optical network-on-chip [C]// Proceedings of the 2014 Design, Automation & Test in Europe Conference & Exhibition, Dresden, 2014: 1-6.

[4] Le Beux S, Trajkovic J, O'Connor I, et al. Optical ring network-on-chip (ORNoC): Architecture and design methodology [C]//2011 Design, Automation & Test in Europe, Grenoble, 2011: 1-6.

[5] Wu X, Xu J, Ye Y, et al. SUOR: Sectioned undirectional optical ring for chip multiprocessor[J]. ACM Journal on Emerging Technologies in Computing Systems (JETC), 2014, 10(4): 29.

[6] Koohi S, Hessabi S. All-optical wavelength-routed architecture for a power-efficient network on chip[J]. IEEE Transactions on Computers, 2012, 63(3): 777-792.

[7] Liu S, Chen T, Li L, et al. IMR: High-performance low-cost multi-ring NoCs[J]. IEEE Transactions on Parallel and Distributed Systems, 2015, 27(6): 1700-1712.

[8] Gu H, Xu J, Wang Z. A novel optical mesh network-on-chip for gigascale systems-on-chip[C]// APCCAS 2008-2008 IEEE Asia Pacific Conference on Circuits and Systems, Macao, 2008: 1728-1731.

[9] Werner S, Navaridas J, Luján M. Designing low-power, low-latency networks-on-chip by optimally combining electrical and optical links[C]//2017 IEEE International Symposium on High Performance Computer Architecture, Campinas, 2017: 265-276.

[10] Werner S, Navaridas J, Luján M. Efficient sharing of optical resources in low-power optical networks-on-chip[J]. IEEE/OSA Journal of Optical Communications and Networking, 2017, 9(5): 364-374.

[11] Morris J R W, Kodi A K. Power-efficient and high-performance multi-level hybrid nanophotonic interconnect for multicores[C]//Proceedings of the 2010 Fourth ACM/IEEE International Symposium on Networks-on-Chip, Grenoble, 2010: 207-214.

[12] Fusella E, Cilardo A. H²ONoC: A hybrid optical-electronic NoC based on hybrid topology[J]. IEEE Transactions on Very Large Scale Integration (VLSI) Systems, 2016, 25(1): 330-343.

[13] Ye Y, Xu J, Wu X, et al. A torus-based hierarchical optical-electronic network-on-chip for multiprocessor system-on-chip[J]. ACM Journal on Emerging Technologies in Computing Systems (JETC), 2012, 8(1): 5.

[14] Shacham A, Bergman K, Carloni L P. Photonic networks-on-chip for future generations of chip multiprocessors[J]. IEEE Transactions on Computers, 2008, 57(9): 1246-1260.

[15] Zhu K, Gu H, Yang Y, et al. A 3D multilayer optical network on chip based on mesh topology[J]. Photonic Network Communications, 2016, 32(2): 293-299.

[16] Guo P, Hou W, Guo L, et al. Low insertion loss and non-blocking microring-based optical router for 3d optical network-on-chip[J]. IEEE Photonics Journal, 2018, 10(2): 1-10.

[17] Ye Y Y, Xu J, Huang B H, et al. 3-D mesh-based optical network-on-chip for multiprocessor system-on-chip[J]. IEEE Transactions on Computer-Aided Design of Integrated Circuits and Systems, 2013, 32(4): 584-596.

[18] Gu H, Xu J, Wang Z. A low-power fat tree-based optical network-on-chip for multiprocessor system-on-chip[C]//Proceedings of the Conference on Design, Automation and Test in Europe.

European Design and Automation Association, Nice, 2009: 3-8.

[19] Gu H, Wang S, Yang Y, et al. Design of butterfly-fat-tree optical network on-chip[J]. Optical Engineering, 2010, 49(9): 095402.

[20] Tan X, Yang M, Zhang L, et al. A hybrid optoelectronic networks-on-chip architecture[J]. Journal of Lightwave Technology, 2014, 32(5): 991-998.

[21] Semeria C, Engineer M. T-series routing platforms: system and packet forwarding architecture[R]. Juniper Networks, Inc., Tech. Rep, 2002: 200027.

[22] Beneš V E. Heuristic remarks and mathematical problems regarding the theory of connecting systems[J]. Bell System Technical Journal, 1962, 41(4): 1201-1247.

[23] Beneš V E. Algebraic and topological properties of connecting networks[J]. Bell System Technical Journal, 1962, 41(4): 1249-1274.

[24] Beneš V E. On rearrangeable three-stage connecting networks[J]. The Bell System Technical Journal, 1962, 41(5): 1481-1492.

[25] Beneš V E. Permutation groups, complexes, and rearrangeable connecting networks[J]. Bell System Technical Journal, 1964, 43(4): 1619-1640.

[26] Beneš V E. Optimal rearrangeable multistage connecting networks[J]. Bell System Technical Journal, 1964, 43(4): 1641-1656.

[27] Zhang J, Gu H, Yang Y. A high performance optical network on chip based on Clos topology[C] //The 2nd International Conference on Future Computer and Communication, Wuhan, 2010, 2: 63-68.

第5章 新型片上光互连架构设计

本章将介绍三种新型的片上光互连架构：基于波长分配通信的片上光互连架构 MRONoC、无源全光片上光互连架构 TAONoC，以及面向千核系统的片上光互连架构 Venus。这三种架构设计在兼顾性能的同时，具有良好的扩展性。

5.1 基于波长分配通信的片上光互连架构 MRONoC

基于光总线传输信息的一些典型片上光互连架构，例如 Corona[1]、Ring[2]和 Firefly[3]，大都使用蛇形总线式波导以避免波导交叉。这通常需要大量的微环谐振器沿同一波导进行集成，存在插入损耗高和串扰大的问题。本节介绍了一种基于波长分配的片上光互连架构 MRONoC[4]，旨在解决传统片上光互连架构遇到的通信资源利用率低、串扰和损耗高、规模扩展有限等问题，实现超低的封装成本、更好的可扩展性和无竞争通信。MRONoC 将不同的波长分配给不同节点进行信息传输，来减少竞争概率。MRONoC 支持不同源节点的信息同时在同一根竖直波导中传输，实现了高效分配波长的基础版 MRONoC。受到可用波长数量限制和波长路由设计约束，基础版 MRONoC 的可扩展性较差。通过空分复用技术集成多根波导产生一系列 MRONoC 的增强版，减轻了竖直方向上的波长数量限制。增强版的 MRONoC 可在所需的波长数量和波导数量之间进行权衡，以提高架构的扩展能力。

5.1.1 互连架构

基础版 MRONoC 片上光互连结构由两层组成，传输数据信息的光层和传输控制分组的电层，光层和电层间通过硅通孔[5]互连。电层中所有 IP 核均基于 Mesh 网格结构均匀分布并相连，电层中的电路由器可以动态地改变相应光路径上微环谐振器的 "ON" 和 "OFF" 状态。每个 IP 核的位置标记为(x, y)，与其连接的片上路由器的位置标记相同。MRONoC 所在的光层为每个 IP 核提供接口，当发生通信请求时，IP 核驱动光层的调制器向其他 IP 核发送数据信息。

图 5.1(a)所示为 $n×n$ 基础版 MRONoC 中片上光路由器结构，由注入单元(Injection Unit)、输出单元(Ejection Unit)和光开关(Optical Switch)三部分组成。对

于坐标为(x, y)的片上光路由器，注入单元中微环谐振器的谐振波长为λ_{ny+x+1}。n^2个不同的注入单元使用不同的调制波长发送光数据信息，所需的波长总数为n^2。在每一行中，n 个注入单元通过单个水平波导环相连。各个注入单元采用不同的调制波长，可以同时无冲突地将光数据信息注入片上光互连。输出单元可以从单根竖直波导中滤出到达目的地的光数据信息。n^2 个输出单元相同，各具有 n^2 个不同的探测器，可同时检测和接收来自不同 IP 核的光数据信息，避免目的端的竞争和阻塞。所设计的紧凑型光开关可以将不同波长的光数据信息从水平波导交换至竖直波导中。对于规模为 $n×n$ 的基础版 MRONoC，光开关由一根水平波导、一根竖直波导和 n 个微环谐振器组成，两根波导形成交叉点，具有不同谐振波长的 n 个微环谐振器被放置在波导交叉点的拐角处，每行的 n 个光开关设计相同，每列的 n 个光开关不同。4×4 基础版 MRONoC 中的片上光路由器结构如图 5.1(b)所示，4×4 基础版 MRONoC 的整体架构如图 5.2 所示。

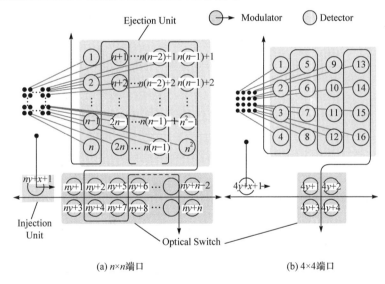

(a) $n×n$端口　　　　　　　　　　(b) 4×4端口

图 5.1　基础版 MRONoC 的片上光路由器示意图

基础版 MRONoC 的光开关中，使用具有不同谐振波长的 n 个微环谐振器来处理来自不同源路由器的数据信息，每列的 n 个光开关互不相同以避免单根竖直波导环中的争用，导致整体架构中必须采用 n^2 个不同的波长。随着网络规模的扩大，所需波长数量随 n 的值急剧增长。在同一波导中可同时传输的波长数目有限，这将限制基础版 MRONoC 架构的可扩展性。

基于基础版 MRONoC 架构，增强版 MRONoC 在光开关中使用空分复用技术集成更多的竖直波导，以实现更加高效的波长重用，降低波长数量限制对

MRONoC 扩展规模造成的影响。对于 $n \times n$ 的基础版 MRONoC，竖直波导必须与水平波导相交以便放置微环谐振器。通过增加更多的竖直波导，减少每根波导旁放置的微环谐振器数量。若将一根竖直波导提供的微环谐振器位置数目定义为 m，则所需竖直波导的数目 l 由式(5.1)确定，其中运算符"%"表示模运算。

$$l = n/m(n\%m = 0) \tag{5.1}$$

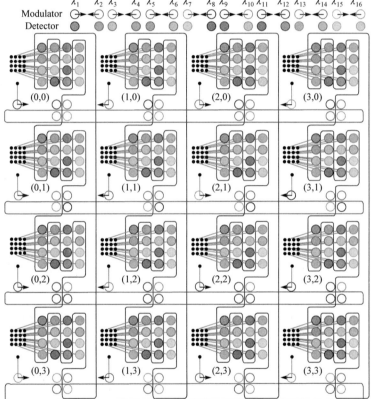

图 5.2　4×4 基础版 MRONoC 架构示意图

根据式(5.1),4×4 的 MRONoC 中, m 可以是 1、2 或 4,每个光开关中存在 4 根、2 根或 1 根与水平波导交叉相连的竖直波导,并且每根竖直波导为微环谐振器提供 1 个、2 个或 4 个位置。当 m=4 时,所需波导数目 l=1 时,光开关结构与 4×4 基础版 MRONoC 中的光开关结构完全相同。无论 n 取值多少, m=1 都适用于任意 $n \times n$ MRONoC;当 n 为偶数时, m=2 也适用于 $n \times n$ MRONoC。当 m=2 和 m=1 时,片上光路由器结构分别如图 5.3(a)和(b)所示。以 4×4 规模的架构为例,当 m=2 和 m=1 时的增强版 MRONoC 整体架构如图 5.4(a)和(b)所示。

如图 5.3(a)所示，光开关中的水平波导和竖直波导交叉形成的 n 个位置可用于放置微环谐振器，标记每个微环谐振器的位置为整数 k ($0 \leqslant k \leqslant n-1$)。如图 5.4(a)所示，同一光开关内不同竖直波导与水平波导相交处需要放置 $2n$ 个不同的微环谐振器以实现无竞争通信。坐标为(x, y)的片上光路由器中第 k 个位置微环谐振器的波长λ_j由下式确定：

$$j = (2y+k)\%n + \lfloor 2y/n \rfloor \times n + 1 \tag{5.2}$$

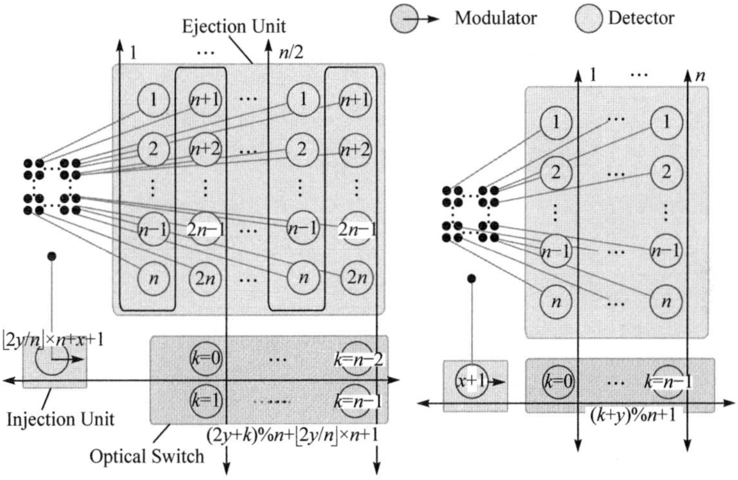

图 5.3　$n \times n$ 增强版 MRONoC 的片上光路由器结构示意图

如图 5.4(a)所示，对于 $m=2$ 的 4×4 增强版 MRONoC，根据源 IP 核不同，每根水平波导中使用 4 个不同波长的光信号进行数据分组传输避免水平方向的通信竞争，每根竖直波导中存在 8 个互不干扰的波长信号实现竖直方向上的无冲突通信，各根竖直波导中使用的波长总类型一致。如图 5.4(b)所示，对于 $m=1$ 的 4×4 增强版 MRONoC，位于波导交叉不同位置的光开关中相应位置微环谐振器的谐振波长相同，所有光开关的结构一致。根据源节点不同，每根水平波导中使用 4 个不同波长的光信号进行数据分组传输避免水平方向的通信竞争，每根竖直波导中存在 4 个互不干扰的波长信号实现竖直方向上的无冲突通信，各根竖直波导中使用的波长总类型一致。规模为 $n \times n$ 的增强版 MRONoC 中所需的波长总数为 $n \times m$。在输出单元中，需要 n^2 个检测器同时检测和接收来自不同 IP 核的光数据信息。

图 5.5 所示为 4×4 增强版 MRONoC($m=1$)整体架构布局示意图。整体互连架构分为电层和光层，两层间通过 TSV 相互连接。在光层中采用无阻塞的片上光互连实现不同 IP 核之间的互连通信。在光层中放置微环谐振器的波导交叉处使用层间耦合器[6,7]，波导交叉点的数量不会随着 MRONoC 规模的增加呈指数增长，以

减少由波导交叉导致的通信损耗。电控制单元和 IP 核构成电控制层，每个 IP 核与本地电控制单元相连，IP 核通过专用接口与相应的片上光路由器相连。片外激光源用于提供片上通信所需的光信号，光信号通过耦合器耦合到片上架构在波导中传播。通过使用空分复用技术集成多个波导可缓解片上波长数量的限制，提高架构的扩展能力。相比于相同规模的基础版 MRONoC，增强版 MRONoC(m=1 和 m=2)减少了所需的波长数量。

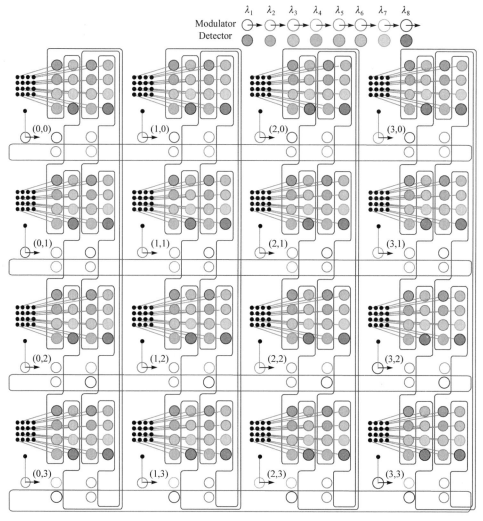

(a) m=2

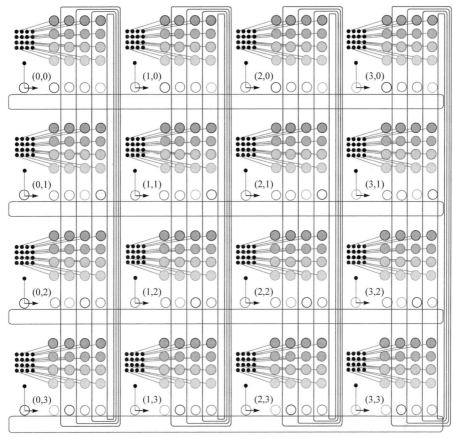

(b) *m*=1

图 5.4　4×4 MRONoC 架构示意图

5.1.2　通信方法

　　MRONoC 中采用电控制光传输的方法进行数据分组的传输交换。在默认情况下，所有的光开关和检测器都处于"关闭"状态。当源 IP 核(x_S, y_S)产生与目的 IP 核(x_D, y_D)的通信请求时，电控制层中产生相应的控制分组；控制分组在电控层中传输，经过转弯路由器(x_D, y_S)后发送到目的 IP 核。控制分组到达转弯路由器时，根据源 IP 核地址激活光开关内相应的微环谐振器，使其处于谐振状态；控制分组达目的 IP 核后，根据源 IP 核地址激活相应波长的检测器；控制分组在目的 IP 核正确接收后，产生确认分组并原路回传至源 IP 核；源 IP 核接收到目的 IP 核返回的确认分组后，将数据信息调制到相应波长的光信号，注入到波导中完成光传输。

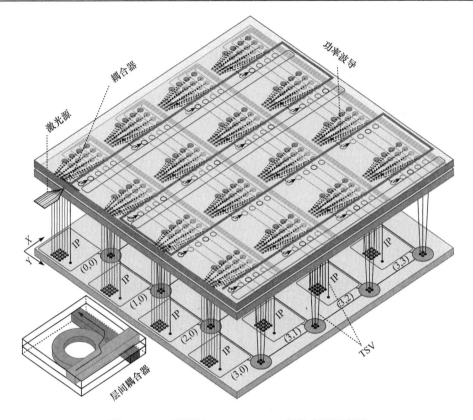

图 5.5   4×4 增强版 MRONoC(*m*=1)架构布局示意图

5.1.3   性能分析

MRONoC 通过构建基于 OPNET 的测试平台对架构的通信性能、功耗和损耗进行评估。评估中选择使用单个波长通信的 Mesh 与 WANoC[8]和采用波分复用技术的 W-Mesh ONoC 与 MRONoC 进行对比。MRONoC 和 W-Mesh ONoC 均使用 16 个波长，数据分组大小固定为 512bit，四种架构规模均为 8×8。在仿真设置中，IP 核独立生成数据信息，通过合成流量和真实流量模型对架构的通信性能进行评估，包括端到端时延(end to end delay, ETE)和吞吐量(throughput)。

评估中使用三种合成流量模型，包括均匀流量模型(uniform traffic pattern, UTP)、矩阵转置流量模型(transposition traffic pattern, TTP)和热点流量模型(hotspot traffic pattern, HTP)。每个注入端口通过使用基于微环谐振器的单个调制器实现可实现 12.5Gbps 的带宽[9]。如图 5.6(a)所示，在三种合成流量模型下，MRONoC 的端到端时延性能最好，W-Mesh 由于使用 16 个波长比 Mesh 具有更好的性能；当注入率低于 2Gbps 时，在均匀流量模型和热点流量模型下，MRONoC 的端到端时延比 WANoC 分别低约 25ns 和 40ns，这是由于 MRONoC 的波长分配更高效，链路设置成本低于 WANoC，并且 WANoC 架构中具有相同波长的光数据信息具有在同一节点处转向的可能性，会导致 X 维上的通信阻塞，而 MRONoC 在 X 维和 Y 维均不会发生通信阻塞。与 W-Mesh 相比，MRONoC 在三种流量模型下具有相对较高的时延，但 MRONoC 拥有比 W-Mesh 更大的达饱和点注入率。在竞争少的低注入率下，光通信时延在总时延中占主要比重，光传输带宽较高的 W-Mesh 性能较好；在阻塞较为严重的高注入率下，通信竞争引起的链路配置成本急速增加，无阻塞的 MRONoC 性能优于 W-Mesh。

图 5.6(b)所示的吞吐性能可以得到类似的结论。相比于 Mesh 和 W-Mesh，MRONoC 在均匀流量模型下的吞吐性能分别提高 400% 和 133%，达到 392.6Gbps，在另外两种流量模型下，吞吐性能的改进更大。在热点流量模型下，与 W-Mesh、Mesh 和 WANoC 相比，MRONoC 的饱和点吞吐提高了 2.51 倍、8.33 倍和 1.64 倍。

图 5.6(c)所示为真实流量模型下的评估结果。仿真中使用 Black-Scholes、x.264 和 Fluidanimate 三种应用作为基准进行评估。由于三种真实应用中地流量负载较低，通信竞争较小，在三种应用下，W-Mesh 均具有最高的归一化加速比，其次是 MRONoC 和 Mesh。图 5.6(a)所示的合成流量模型下的端到端时延也印证了 MRONoC 在高负载的情况具有明显优势，但在低负载情况下表现略逊于 W-Mesh。

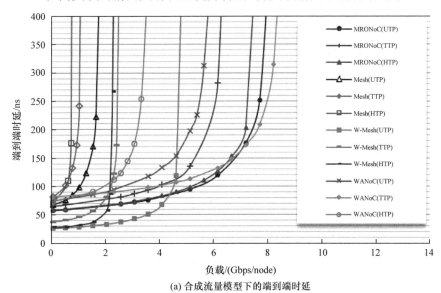

(a) 合成流量模型下的端到端时延

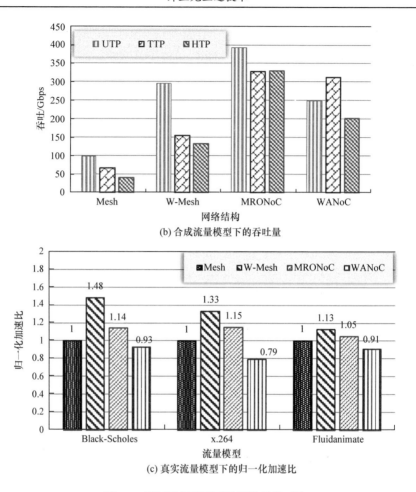

(b) 合成流量模型下的吞吐量

(c) 真实流量模型下的归一化加速比

图 5.6　不同流量模型下的通信性能对比

功耗是片上光互连设计中需要考虑的另一个关键指标。在应用电控制的光互连架构中，用于传输光数据信息的能耗计算公式如下：

$$E_{\text{total}} = E_{\text{control}} + E_{\text{DATA}} = E_{\text{control}} + E_{\text{switch}} + E_{\text{injection}} + E_{\text{ejection}} \tag{5.3}$$

其中，E_{control} 是传输控制分组消耗的能量，E_{DATA} 是传输数据信息消耗的能量[10]。由于不同版本的 MRONoC 采用相同的电控制层，包含相同数量的调制器、检测器和微环谐振器，不同版本的 MRONoC 功耗和能效均相同。图 5.7(a)所示为均匀流量模型下各架构以最大负荷运行时的能效，如式(5.3)所示由四部分组成。与其他三种片上光互连架构相比，MRONoC 通信机制简单，有效地降低了电控制的复杂度和减少打开微环谐振器的时间。MRONoC 的输出单元比其他片上光互连架构需要消耗更多能量，MRONoC 中更加简单的注入单元和光开关设计弥补了输出单元能量消耗上的不足。WANoC 在能效方面具有一定优势，但是相比于 MRONoC，其架构需要大量调制器，会显著增加总功耗。MRONoC 在传输 512bit 和 1024bit 数据信息时分别以 1.14pJ/bit 和 0.72pJ/bit 的性能优于其他架构，相比于 W-Mesh 分别提高了 12.7% 和 21.9%。Mesh 的性能最差，在传输 512bit 和 1024bit 数据信息时的能效仅分别为 1.33pJ/bit 和 0.81pJ/bit。

片上光互连架构的插入损耗不仅影响光数据信息的产生、调制和检测，同时也决定了架构的功耗。插入损耗的来源包括：波导传播损耗(IL_{travel})、波导弯曲损耗(IL_{bend})和环谐振器的通过和耦合损耗($IL_{through}$ 和 IL_{drop})。架构中的插入损耗可由以下公式计算：

$$Loss = \sum IL_{crossing} + \sum IL_{drop} + l_{link} IL_{travel} + \sum IL_{bend} + \sum IL_{through} \qquad (5.4)$$

MRONoC 使用层间耦合器避免了波导交叉，从而大大降低了总损耗，提高了信噪比。为了进行公平的比较，假定作为比较的片上光互连架构也采用了两层设计。尽管层间耦合器中微环谐振器的耦合损失相比于二维光架构从 0.5dB 增加到 1dB[6]，但是 MRONoC 和 WANoC 中将经过光路由器中的处于谐振状态的微环谐振器数量减少为 1，使得微环耦合损耗(IL_{drop})下降。WANoC 中的每一列(行)只放置一个竖直(水平)波导，光数据传输时信息会经过大量的微环谐振器，从而增加了通过微环的损耗($IL_{through}$)。在 MRONoC 的所有版本中，选择 $m=1$ 的 MRONoC 进行比较。图 5.7(b)所示为 8×8 规模下 Mesh、W-Mesh、WANoC 和 MRONoC 的最大插入损耗对比，分别为 5.13dB、5.80dB、1.61dB 和 4.45dB。

根据插入损耗可以得到源 IP 核进行通信所需的功率需求为：

$$P_{laser} - D_s \geqslant Le + Ce + Loss \qquad (5.5)$$

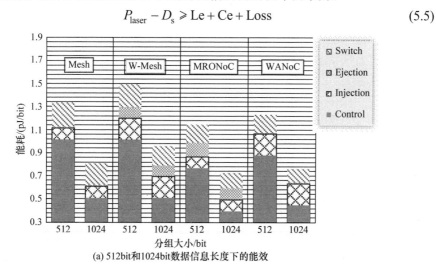

(a) 512bit和1024bit数据信息长度下的能效

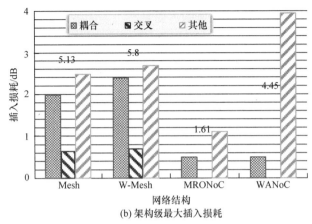

(b) 架构级最大插入损耗

图 5.7 能效和损耗性能对比

其中，P_{laser} 是所需的激光源功率；D_s 是检测器的灵敏度，为 -20dBm[11]；Le 是激光源效率，为 30%(5.2dB)[12]；Ce 是耦合效率，为 3dB[13]；Loss 是通信时的插入损耗，可由式(5.4)计算获得。8×8 的 Mesh、W-Mesh、WANoC 和 MRONoC 进行通信所需的最低功率分别为 13.78mW、16.08mW、14.83mW 和 11.78mW。

5.1.4 小结

本节中提出一种基于波长分配通信的片上光互连架构 MRONoC。MRONoC 采用基于层间耦合器的光层结构，降低了波导交叉损耗。架构中采用空分复用技术集成多根波导以减轻波长数量的限制对架构规模扩展带来的影响。在此基础上，设计了支持无竞争通信并且简化仲裁的高效波长分配方案。MRONoC 的一系列增强版本可根据通信需求在所需的波长数量和所使用的波导数量之间进行权衡，提高架构的扩展能力和适用性。在高负载时，MRONoC 能够保持良好的通信性能。MRONoC 中需要通过电控制进行通信链路建立，会带来额外的通信开销。

5.2 无源全光片上光互连架构 TAONoC

基于波长路由的片上光互连架构预先为不同路径分配了相应波长，避免建链过程，降低了通信时延。典型的波长路由架构包括 λ-Router[14]、ORNoC[9]、GWOR[15]、2D-HERT[16]、LumiNOC[17] 和 PeSWaN[18]等，这些无源架构能够提供无竞争的通信、超低的通信时延以及更低的功耗。如图 5.8 所示为 16×16 规模的 λ-Router 架构示意图。该架构中所有节点对之间的通信可以同时进行，不存在竞争；该架构通过利用合理波长分配实现波长路由的功能，同时消除片上光互连对电仲裁和存储等单元的需求；该架构(不包括调制器和检测器)所采用的光器件均属无源类型，有助于设计低功耗的片上光互连架构。

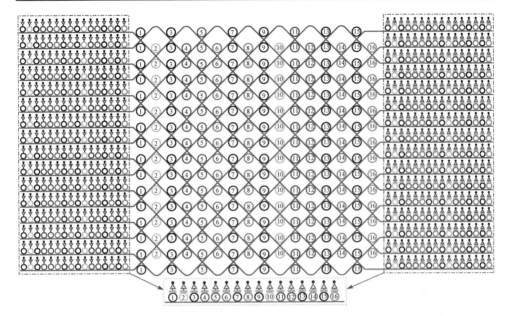

图 5.8 　λ-Router 架构示意图

现有基于波长路由的片上光互连架构存在如下不足：①各节点的输入端口与输出端口分离，例如λ-Router 中各节点的输入端口与输出端口分别位于互连架构的左右两侧，不利于各节点的位置分布和波导布局；②输入端口与输出端口之间的互连架构采用非规则拓扑，例如λ-Router 中的众多的 2×2 交换单元之间采用级联拓扑进行连接，不利于众核处理器中 Tile 结构的规则布局；③互连架构中的每个微环谐振器仅用于一对输入输出端口之间的通信，导致通信资源的利用率较低，所需的微环谐振器的数目较大。④由于可用波长数量的限制，现有基于波长路由的片上光互连规模扩展能力有限。

本节介绍了一种无源全光片上光互连架构 TAONoC[19]，旨在解决传统全光片上光互连架构遇到的布局困难、微环谐振器使用数量多和扩展难等问题。TAONoC具有以下特点：①基于梳状交换单元和波长组分配机制，TAONoC 实现了无需仲裁的无竞争通信；②TAONoC 采用全无源光互连架构减少了额外的控制单元和开销，具有更好的能效；③受益于谐振波长的高利用率，TAONoC 减少了设计过程中对微环谐振器的数量需求。

5.2.1　互连架构

为适应众核处理器 Tile 结构的布局规则，TAONoC 采用规则的 Torus 拓扑结构。网络规模为 $N×N$ 的 TAONoC 包括 N^2 个节点，各节点包括注入单元、交换单元和接收单元，如图 5.9 所示。N^2 个交换单元按照 Torus 拓扑的连接方式相连，形成 TAONoC 片上互连架构。架构中的所有波导分为水平波导和垂直波导。各节点的注入单元将光信号耦合至水平波导将其注入网络，接收单元检测垂直波导中到达目的节点的光信号。

在网络架构中以左上角的节点为坐标原点，水平向右为 X 维正方向，竖直向下为 Y 维正方向建立二维坐标系，依次确定所有节点的坐标(x, y)，每个节点内的注入单元、接收单元和交换单元共享该节点的坐标。每一行的 N 个节点之间采用 N 根环形水平波导相连，每一列的 N 个节点之间采用 N 根环形垂直波导相连，所有环形波导均为单向波导，沿顺时针方向传输光信号。

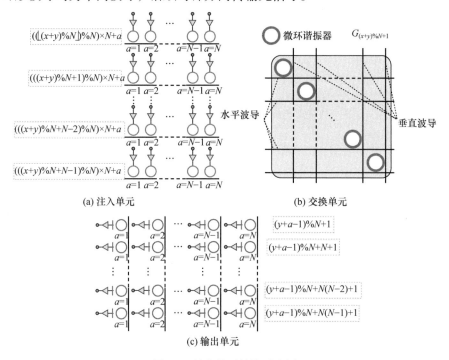

(a) 注入单元　　　　　　　　　　(b) 交换单元

(c) 输出单元

图 5.9　基本单元结构示意图

如图 5.9(a)所示，各注入单元包括 N 根水平波导和 N^2 个微环谐振器，N^2 个微环谐振器的调制波长互不相同，分别为 $\lambda_1, \lambda_2, \cdots, \lambda_{(N^2-1)}, \lambda_{(N^2)}$；每根水平波导同时与 N 个微环谐振器相连，负责承载已调制的光信号；N 个微环谐振器均匀排列成行，从左到右依次编号为 $1, 2, \cdots, N$；从上到下依次为 $1, 2, \cdots, N-1, N$ 行。每个微环谐振器的调制波长根据其在节点内部的位置以及其所在节点的坐标确定为 $\lambda_{((\lfloor(x+y)\%N\rfloor+i-1)\%N)\times N+a}$；其中 i 为行编号，a 为行内编号，x、y 分别为所在节点的横纵坐标，"%"为取余运算符，"$\lfloor\rfloor$"为向下取整运算符。

如图 5.9(b)所示，每个交换单元包括 N 根水平波导、N 根垂直波导和 N 个微环谐振器；N 根水平波导与 N 根垂直波导相交，形成 N^2 个交叉点。该 N^2 个交叉点形成矩阵点阵；选取该矩阵从左上到右下对角线上的 N 个交叉点的左上角放置 N 个微环谐振器。交换单元内的 N 个微环谐振器完全相同，均为宽带微环谐振器，允许同时传输 N 个谐振波长的光信号，这 N 个谐振波长被定义为谐振波长组。架构中所有的交换单元共需要 N 组谐振波长，分别为标记为 G_1, G_2, …, G_N。各交换单元根据其所在节点的坐标确定所需的谐振波长组 $G_{[(x+y)\%N]+1}$。谐振波长组 G_1, G_2, …, G_N 与波长 λ_1, λ_2, …, $\lambda_{(N^2-1)}$, $\lambda_{(N^2)}$ 具有包含关系，具体如下：

$$G_i = \{\lambda_j \mid j = i + N \times a, 0 \leqslant a < N, a \in Z\}$$

当 $N=4$ 时，谐振波长组 G_1、G_2、G_3 和 G_4 与波长 λ_1, λ_2, …, λ_{15} 和 λ_{16} 的关系如图 5.10 所示，交换单元中共需要 4 种宽带微环谐振器，每种宽带微环谐振器具有不同的谐振波长组，谐振波长组 G_1 包含波长 λ_1、λ_5、λ_9 和 λ_{13}，谐振波长组 G_2 包含波长 λ_2、λ_6、λ_{10} 和 λ_{14}，谐振波长组 G_3 包含波长 λ_3、λ_7、λ_{11} 和 λ_{15}，谐振波长组 G_4 包含波长 λ_4、λ_8、λ_{12} 和 λ_{16}。

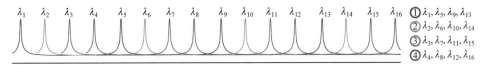

图 5.10　$N=4$ 时谐振波长组与各波长关系示意图

如图 5.9(c)所示，各输出单元包括 N 根垂直波导和 N^2 个微环检测器，N^2 个微环检测器分别用来检测并解调波长为 λ_1, λ_2, …, $\lambda_{(N^2-1)}$ 和 $\lambda_{(N^2)}$ 的光信号；每 N 个微环检测器负责检测一根垂直波导；每一行的微环检测器从左到右依次编号为 1, 2, …, N；行号从上到下依次编号为 1, 2, …, $N-1$, N。每个微环检测器的检测波长根据其在节点内部的位置以及其所在节点的坐标确定为 $\lambda_{(y+a-1)\%N+N(i-1)+1}$；其中，$i$ 为行编号，a 为行内编号。

4×4 TAONoC 的网络架构如图 5.11 所示。按照上述规则，可获得各节点内部结构。布局 TAONoC 架构的众核处理器架构如图 5.12 所示。该众核处理器采用三层结构，层间通过 TSV 键合互连。处理器层中，四个 IP 核组成一个 Tile，共享一个 L2 Bank。L2 Cache 位于中间层，被划分为 16 个等容量 Bank 均匀分布。最顶层为采用 TAONoC 架构的光层，通过 TSV 与中间层的 16 个 Cache Bank 连接。每个 L2 Bank 都有专用的网络接口接入光层；若当前 L2 Cache Bank 访问未命中，其会产生访问请求来驱动其所对应网络节点中的微环谐振器工作，进而向光层中注入光信号；微环检测器将检测接收光信号，解调后回传至 Cache Bank。

为避免波导交叉数目随网络规模扩展而迅速增多，TAONoC 中的环形水平波导与环形垂直波导采用双层布局。如图 5.12 所示，水平波导与垂直波导的空间交汇处采用层间耦合器连接，能够有效控制光信号的功率损耗，保证传输的可靠性。

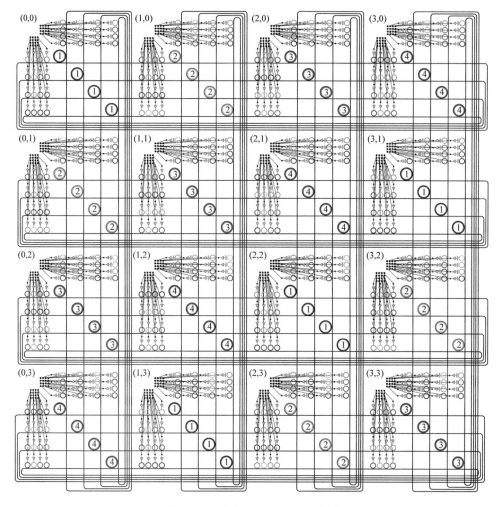

图 5.11　4×4 TAONoC 架构示意图

5.2.2　通信方法

　　光信号始终在其所在的波导中沿着顺时针方向进行传输。光信号经微环谐振器调制后，按顺时针方向注入水平波导。因为所有的交换单元中的微环谐振器均位于波导交叉处的左上角，水平波导中的光信号会被对应的交换单元耦合传输至环形垂直波导继续顺时针方向传输，直至被对应的微环检测器检测接收。例如，节点(1, 2)注入波长为 λ_3 的光信号至对应水平光波导，该光信号在经过节点(0, 2)中的交换单元时被耦合传输至垂直波导，最终被节点(0, 1)中的微环检测器检测接收。表 5.1 所示为 TAONoC 架构中任意节点对之间通信的波长使用表。该架构可保证各节点之间的无阻塞通信，各注入单元与各输出单元分别具有 N^2 个微

环谐振器和 N^2 个微环检测器,可以同时发送光信号至所有目的节点或同时接收来自所有源节点的光信号。

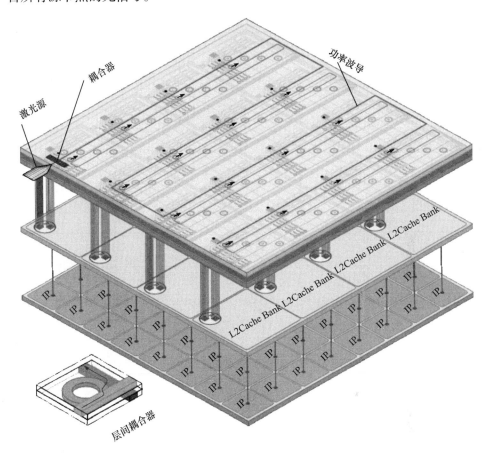

图 5.12　布局 TAONoC 架构的众核处理器架构示意图

表 5.1　TAONoC 中节点对之间通信波长使用表

源 ＼ 目的	(0,0)	(1,0)	(2,0)	(3,0)	(0,1)	(1,1)	(2,1)	(3,1)	(0,2)	(1,2)	(2,2)	(3,2)	(0,3)	(1,3)	(2,3)	(3,3)
(0,0)	λ_1	λ_6	λ_{11}	λ_{16}	λ_{13}	λ_2	λ_7	λ_{12}	λ_9	λ_{14}	λ_3	λ_8	λ_5	λ_{10}	λ_{15}	λ_4
(1,0)	λ_5	λ_{10}	λ_{15}	λ_4	λ_1	λ_6	λ_{11}	λ_{16}	λ_{13}	λ_2	λ_7	λ_{12}	λ_9	λ_{14}	λ_3	λ_8
(2,0)	λ_9	λ_{14}	λ_3	λ_8	λ_5	λ_{10}	λ_{15}	λ_4	λ_1	λ_6	λ_{11}	λ_{16}	λ_{13}	λ_2	λ_7	λ_{12}
(3,0)	λ_{13}	λ_2	λ_7	λ_{12}	λ_9	λ_{14}	λ_3	λ_8	λ_5	λ_{10}	λ_{15}	λ_4	λ_1	λ_6	λ_{11}	λ_{16}
(0,1)	λ_{10}	λ_{15}	λ_4	λ_5	λ_6	λ_{11}	λ_{16}	λ_1	λ_2	λ_7	λ_{12}	λ_{13}	λ_{14}	λ_3	λ_8	λ_9
(1,1)	λ_{14}	λ_3	λ_8	λ_9	λ_{10}	λ_{15}	λ_4	λ_5	λ_6	λ_{11}	λ_{16}	λ_1	λ_2	λ_7	λ_{12}	λ_{13}

续表

源\目的	(0,0)	(1,0)	(2,0)	(3,0)	(0,1)	(1,1)	(2,1)	(3,1)	(0,2)	(1,2)	(2,2)	(3,2)	(0,3)	(1,3)	(2,3)	(3,3)
(2,1)	λ_2	λ_7	λ_{12}	λ_{13}	λ_{14}	λ_3	λ_8	λ_9	λ_{10}	λ_{15}	λ_4	λ_5	λ_6	λ_{11}	λ_{16}	λ_1
(3,1)	λ_6	λ_{11}	λ_{16}	λ_1	λ_2	λ_7	λ_{12}	λ_{13}	λ_{14}	λ_3	λ_8	λ_9	λ_{10}	λ_{15}	λ_4	λ_5
(0,2)	λ_3	λ_8	λ_9	λ_{14}	λ_{15}	λ_4	λ_5	λ_{10}	λ_{11}	λ_{16}	λ_1	λ_6	λ_7	λ_{12}	λ_{13}	λ_2
(1,2)	λ_7	λ_{12}	λ_{13}	λ_2	λ_3	λ_8	λ_9	λ_{14}	λ_{15}	λ_4	λ_5	λ_{10}	λ_{11}	λ_{16}	λ_1	λ_6
(2,2)	λ_{11}	λ_{16}	λ_1	λ_6	λ_7	λ_{12}	λ_{13}	λ_2	λ_3	λ_8	λ_9	λ_{14}	λ_{15}	λ_4	λ_5	λ_{10}
(3,2)	λ_{15}	λ_4	λ_5	λ_{10}	λ_{11}	λ_{16}	λ_1	λ_6	λ_7	λ_{12}	λ_{13}	λ_2	λ_3	λ_8	λ_9	λ_{14}
(0,3)	λ_{12}	λ_{13}	λ_2	λ_7	λ_8	λ_9	λ_{14}	λ_3	λ_4	λ_5	λ_{10}	λ_{15}	λ_{16}	λ_1	λ_6	λ_{11}
(1,3)	λ_{16}	λ_1	λ_6	λ_{11}	λ_{12}	λ_{13}	λ_2	λ_7	λ_8	λ_9	λ_{14}	λ_3	λ_4	λ_5	λ_{10}	λ_{15}
(2,3)	λ_8	λ_5	λ_{10}	λ_{15}	λ_{16}	λ_1	λ_6	λ_{11}	λ_{12}	λ_{13}	λ_2	λ_7	λ_8	λ_9	λ_{14}	λ_3
(3,3)	λ_4	λ_9	λ_{14}	λ_3	λ_4	λ_5	λ_{10}	λ_{15}	λ_{16}	λ_1	λ_6	λ_{11}	λ_{12}	λ_{13}	λ_2	λ_7

TAONoC 中的每根环形水平波导负责传输 N^2 个微环谐振器所调制的光信号，N^2 个微环谐振器的调制波长互不相同。如图 5.11 所示，每根环形水平波导经过所在行的 4 个节点，每个节点都有 4 个微环谐振器将光信号耦合传输至对应的环形垂直波导，此水平波导所经过的 16 个微环谐振器的谐振波长互不相同，使得所有节点在向网络中注入信息时无竞争。

TAONoC 中的每一根环形垂直波导经过的 N^2 个微环检测器的检测波长互不相同。4×4 TAONoC 中的每一根环形垂直波导穿过所在列的 4 个节点，每个节点都有 4 个微环检测器用以检测垂直波导中到达目的节点的光信号。垂直波导穿过的各节点中的各个微环检测器的检测波长对应一个谐振波长组，不同节点使用不同的谐振波长组，使得各节点接收各自光信号时无竞争。

如图 5.11 所示的 4×4 TAONoC 中，每行和每列的交换单元所使用的谐振波长组互不相同，使得多个不同波长的光信号可被同行同列的交换单元同时耦合传输无阻塞。每个宽带微环谐振器耦合传输的 4 个光信号分别来自其所在行的 4 个不同节点，采用不同波长，使得不同波长的光信号在垂直环形波导中传输无阻塞。

5.2.3　性能分析

本节中对 TAONoC 进行了性能分析和评估，分别从通信资源、光插入损耗和通信性能方面与几个现有的典型片上光互连架构进行比较。

在通信资源开销方面，TAONoC 与四种典型的无源片上光互连架构 λ-Router、WRON、GWOR 和 POINT[20] 从所需微环的数量和种类以及波导使用数量等方面进行比较,对比结果如图 5.13 所示。λ-Router 结构如前所述,WRON 改进了 λ-Router
无法进行奇数 Tiles 扩展的不足, POINT 是为解决现有无源光片上网络在扩展过
程中所需波长数目过多的问题所设计的一种用波导资源代替部分波长资源的模块
化设计方案。对比结果显示, TAONoC 使用的微环谐振器明显少于其他的片上光
互连架构,其他的无源片上光互连架构需要几乎相同数量的微环谐振器。TAONoC
充分利用宽带微环谐振器可同时耦合多个波长的特性,提高 TAONoC 架构中通信
资源的利用率,降低微环谐振器的种类需求。

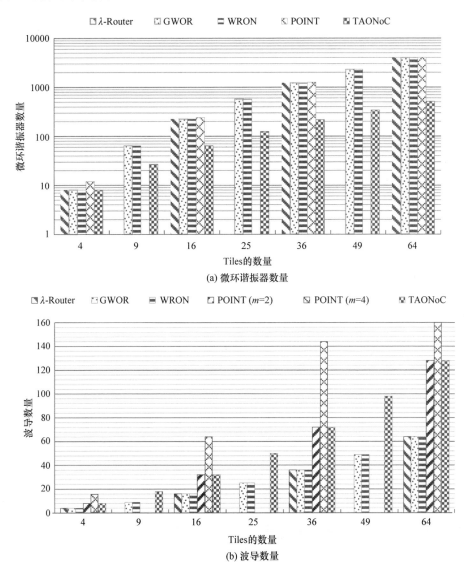

(a) 微环谐振器数量

(b) 波导数量

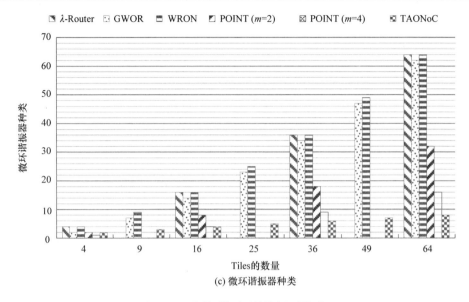

(c) 微环谐振器种类

图 5.13　不同规模下通信资源开销对比

　　光插入损耗的对比结果如图 5.14 所示。规模为 4×4 的 GWOR 的最大插入损耗仅为 0.6dB，低于其他所有架构；随着规模的增加，互连架构中波导交叉的数量不断增长，GWOR 中插入损耗显著增加，λ-Router 和 WRON 具有相同的插入损耗。在网络规模较小时，TAONoC 中的发送端口和接收端口有额外微环谐振器引入插入损耗，该架构的插入损耗略大于其他的片上光互连架构。TAONoC 采用没有波导交叉的两层结构避免了波导交叉造成的大量损耗,随着网络规模的增加，TAONoC 的总插入损耗增长得非常缓慢。与同等规模其他典型的无源片上光互连架构相比，TAONoC 通过使用簇结构和双层架构来减少波导交叉，使其插入损耗在可接受范围之内。

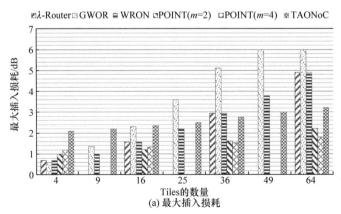

(a) 最大插入损耗

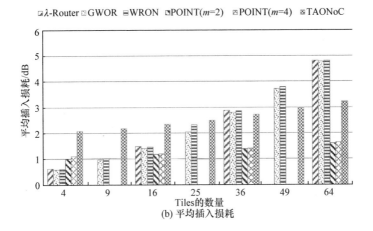

图 5.14　不同规模下光功率损耗对比

利用 OPNET 对三种网络进行仿真建模，对片上光互连的时延和吞吐性能进行验证对比。Mesh 和 WANoC 被用于和 TAONoC 进行对比。三种片上光互连架构中数据分组长度设定为 4096bit，系统的时钟频率为 2GHz，调制器的调制速度为 12.5Gbps；流量模型分别采用均匀流量、矩阵转置、热点流量模型和真实流量模型，仿真参数配置如表 5.2 所示，仿真结果如图 5.15 所示。从仿真结果图 5.15(a)～(d)中可以看出，由于 TAONoC 将波长资源用于解决通信竞争而非用于增加通信带宽，相比于其他两种片上光互连架构，TAONoC 的零负载时延较高；随着通信负载的不断增加，TAONoC 在多数情况具有更低的通信时延性能和更好的饱和点吞吐性能。

表 5.2　仿真参数配置

参数	取值
时钟频率/GHz	2
Ack 分组长度/bit	32
建链分组长度/bit	32
光固定分组长度/bit	4096
调制速度/Gbps	12.5
网络规模/cores	64(8×8)

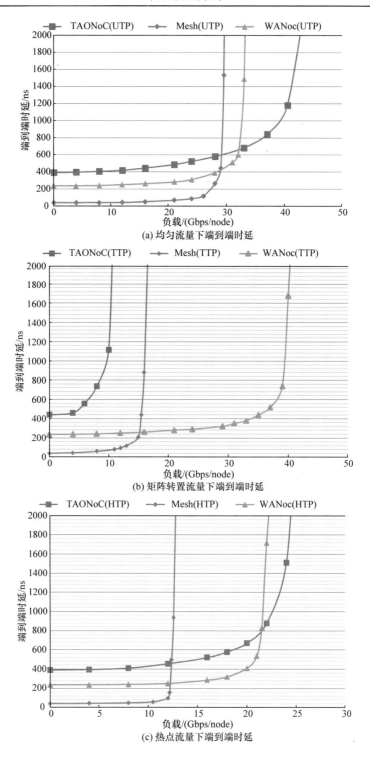

(a) 均匀流量下端到端时延

(b) 矩阵转置流量下端到端时延

(c) 热点流量下端到端时延

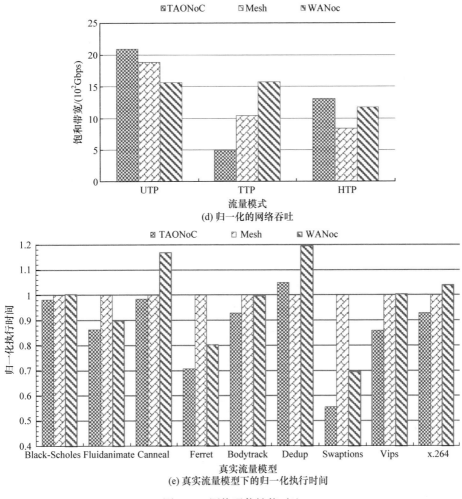

(d) 归一化的网络吞吐

(e) 真实流量模型下的归一化执行时间

图 5.15　网络通信性能对比

5.2.4　小结

　　本节中提出一种全光片上互连架构 TAONoC。TAONoC 采用常规 Torus 拓扑以适应基于 Tile 结构的众核处理器的布局需求。通过三个功能模块的独特设计，TAONoC 可以在无需仲裁的条件下实现无竞争通信；得益于单个微环谐振器谐振波长的超高利用率，TAONoC 降低了对微环谐振器的数量要求；性能仿真与对比的结果显示，即使发生严重的竞争，TAONoC 也能在三种不同的合成流量模型下展现出良好的性能。现有 TAONoC 设计中波导的数量较多，影响架构的布局和可靠性。未来的工作将集中在减少 TAONoC 中波导的数量，并在实际应用中进一步分析 TAONoC 的性能表现，提高其功耗和信噪比。

5.3　面向千核系统的片上光互连架构 Venus

　　传统的片上光互连架构存在波导交叉数量过多、通信距离过长等一系列问题，限制片上光互连的扩展规模，使得传统的片上光互连架构难以实现千核规模。三维集成技术拥有立体拓展和异质集成等特性可以解决传统片上光互连架构存在的问题。传统三维架构存在以下两个问题：①TSV数量过多，增加了制作成本；②单层光网络仍存在波导交叉数量多和芯片面积受限等问题。在光层中采用平行多环结构结合波长路由技术可以解决波导交叉数量多的问题，但在最长距离通信情况下仍需要经过架构中一半的节点，产生较高的损耗和串扰。将多层光互连进行三维集成，可以避免波导交叉并解决芯片面积受限的问题。本节介绍了一种面向千核系统具有多个光电混合层的三维片上光互连架构 Venus[21]，旨在解决传统千核架构通信阻塞严重和损耗高等问题。通过使用混合空分复用技术和波长分配方案，Venus 具有以下两个特点：①每个IP核与其他任何一个IP核通信的距离均为一跳，并且不同子网中的任意两个簇间可以实现无阻塞通信，大幅减少了端到端的通信时延；②波导交叉的数量和在关键路径上经过的微环谐振器数量较少，降低了通信损耗。

5.3.1　网络架构

　　Venus 架构由 L 个结构相同的光电混合层组成，层间采用 TSPV(Through Silicon Photonic Via)相互连接。在 L 层 Venus 中，TSPV 分为 $L-1$ 种。用 TSPV-i 表示第 i 种 TSPV，用于连接跨越层数为 $i-1$ 的两层。如图 5.16(a)所示为 $L=4$ 的 Venus 架构，其中 TSPV 分为三种类型：TSPV-1、TSPV-2 和 TSPV-3，其中 TSPV-1 用于连接两个相邻的层，TSPV-2 用于连接跨越层数为 1 的两层，TSPV-3 用于连接跨越层数为 2 的两层。

　　单层 Venus 的结构如图 5.16(b)所示。单层结构由 M 个子网组成，所有子网通过环形光波导相连，同一层中的任意两个子网由一组波导连接。每个子网中有 K 个节点，每个节点由一个簇和一个 5 端口的电路由器组成。每个簇包括 4 个 IP 核和一个专用的 L1 缓存，并且分配有一个共享 L2 缓存和一个共享通信接口。Venus 中的 IP 核数量为 $4K \cdot L \cdot M$，节点之间形成分级互连。图 5.16(c)所示为通信接口结构，该接口由发送模块和接收模块组成。在发送模块中，光波长被波导处的微环谐振器调制成为光信号；在接收模块中，光信号通过波导处的微环谐振器耦合到光电检测器中还原成电信号。波导可以作为数据信道或预约信道，负责承载相同或不同子网中节点间的通信。

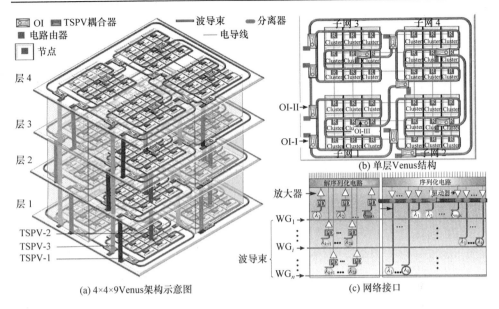

图 5.16 Venus 架构示意图

5.3.1.1 相邻节点互连

相邻节点间通过片上电互连的方式进行连接。由于金属的固有性质，电互连的功耗随其长度的增加而急剧增长，导致片上电互连无法满足长距离通信的需求。片上光互连可以提供巨大的通信带宽，且光在波导传播过程中不会因为距离的增加而产生额外的功耗。但是频繁的电/光转换和光/电转换会降低架构的工作能效。作为折中选择，使用片上电互连连接物理上相邻的两个节点，使用片上光互连连接相距更远的节点。每层中的电互连采用 Mesh 拓扑结构，使用分组交换机制实现相邻节点间的通信。

5.3.1.2 子网内互连

在 L 层 Venus 中，每层由 M 个子网组成。每个子网包含一组环形波导，每个环形波导可用作数据信道或预约信道。同一子网内两个不相邻的节点之间通过波长路由的方式实现全互连。由于子网内节点数量有限，且两个相邻节点之间的通信通过电互连来实现，任意两个不相邻节点通信时无需分配专用波长，以减少子网内通信所需的波长数量。

5.3.1.3 子网间互连

所有层内和层间不同的子网通过波导或者 TSPV 相连。每两个子网之间使用波导或 TSPV 实现了基于 SWMR 的交叉开关。每个 SWMR 交叉开关包含两根传输数据的环形波导和两根传输预约信号的环形波导,且两个子网的两根数据(或预约)环形波导通过光接口(Optical Interface, OI)相连。每个 SWMR 交叉开关中的所有源节点均分配一个专用波长。假设子网内有 K 个节点,SWMR 交叉开关应有 $2K$ 个不同的波长。每个节点可以使用特定的波长与子网内的其他节点进行通信。只有在一个源节点同时与同一个 SWMR 交叉开关中两个以上的其他节点通信时才会发生竞争。对于连接两个子网的 SWMR 交叉开关(子网中有 K 个节点),在数据波导和预约波导中需复用 $2K$ 个波长,λ_1, λ_2,$\cdots$, λ_K 分配给一个子网中的节点,λ_{K+1}, λ_{K+2},$\cdots$, λ_{2K} 分配给另一个子网中的节点。光接口由一组波导和微环谐振器组成,用于实现子网间波导和子网内环形波导的无缝连接。源节点到不同子网的目的节点的光信号,通过本地子网内的特定光接口到达相应的子网间波导后,通过目的子网的光接口耦合传输到目的子网的环形波导内。如图 5.16(b)所示,每层网络有四个子网,需要 6 个不同的 SWMR 交叉开关实现子网间互连。每个子网有 3 个 SWMR 交叉开关,负责与同一层中的其他 3 个子网进行通信;12 个 SWMR 交叉开关与不同层的子网进行通信。同一层内的波导,经布局优化后可避免波导交叉。

5.3.1.4　光接口

每个子网有三个光接口,分别标记为 OI-Ⅰ、OI-Ⅱ和 OI-Ⅲ。假设图 5.16(b)展示的是 Venus 架构的底层(即层 1),子网 1 通过 OI-Ⅰ分别与层 1 的子网 2 以及通向层 2 所有子网的 TSPV 相连,子网 1 通过 OI-Ⅱ分别与层 1 的子网 3 和通向层 4 所有子网的 TSPV 相连,子网 1 通过 OI-Ⅲ分别与层 1 的子网 4 和通向层 3 所有子网的 TSPV 相连。

图 5.17 所示为光接口的细节。光接口中的波导分为 5 种类型:类型Ⅰ、类型Ⅱ、类型Ⅲ、类型Ⅳ和类型Ⅴ。类型Ⅰ波导用于子网内通信,不连接外部子网。类型Ⅱ波导连接到 TSPV,用于与不同层的子网通信。光接口中的所有微环谐振器均为无源微环谐振器,其中微环 λ_1, λ_2,$\cdots$, λ_K 用于向另一个子网发送数据,微环 λ_{K+1}, λ_{K+2},$\cdots$, λ_{2K} 用于接收来自另一个子网的数据。该类型的波导中,光信号可以在单根波导中实现双向传播。类型Ⅲ波导与同层中的某个子网的环形波导相连接,用于和同层子网间通信。类型Ⅳ波导是旁路波导,其一端连接来自另一层的 TSPV,另一端连接同一层中的其他子网,实现光接口间的互连。类型Ⅴ波导为用于子网间通信的环形波导的一部分。波导的一部分在某个光接口中为Ⅴ型,而在另一个光学接口为是Ⅱ型或Ⅲ型。以图 5.16(a)中层 1 的子网 1 为例,层 1 中子网 1 内的两个节点间由类型Ⅰ波导实现互连,该波导经过子网内的所有 3 个光接口。层 1 中的子网 1 通过 OI-Ⅰ中的类型Ⅱ波导连接到层 2 中的子网 1,层 1 中的子网 1 通过 OI-Ⅰ中的类型Ⅲ波导连接到层 1 中的子网 2,层 2 中的子网 1 通过层 1 中

的子网 1 的类型Ⅳ波导连接到层 1 中的子网 2。在这种情况下，层 2 中的子网 1 到层 1 中的子网 2 的通信会经过子网 1 的 OI-Ⅰ到达到子网 2 的 OI-Ⅰ。从层 1 中子网 2 的角度来看，其使用的光学接口 OI-1 的波导为类型Ⅲ。

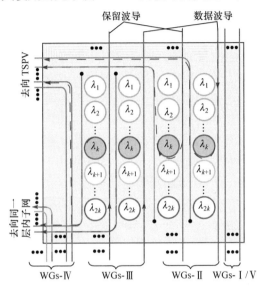

图 5.17　光接口结构示意图

5.3.1.5　激光源

将 1000 多个 IP 核集成到一个芯片中，考虑到面积和成本开销，为每个节点分配单独的片上激光源存在困难。选择片外激光源[22]为 Venus 进行光源供给，具有易于更换和温度稳定的特点[23]。Venus 中的每一层都配备一个片外激光源，其输出耦合至功率波导。分离器和单独的调制器用于调制信号至数据波导和预约波导。

5.3.2　通信方法

Venus 中的每个节点地址定义为 (k, i, j)，代表着该节点是第 j 层第 i 个子网中的第 k 个节点。k、i、j 的范围分别为 $1 \leqslant k \leqslant K, 1 \leqslant i \leqslant M, 1 \leqslant j \leqslant L$。每个子网中的第 k 个节点用波长 λ_k 传输预约分组和数据分组。

源节点 (k_1, i_1, j_1) 需要与目的节点 (k_2, i_2, j_2) 通信时，判断这两个节点是否在同一个子网中，即是否同时满足 $k_1 \neq k_2$、$i_1 = i_2$ 和 $j_1 = j_2$。如果这两个节点位于同一子网，判断它们是否在物理上相邻。如果是相邻节点，则使用电互连直接传输数据；否则使用本地交叉开关传输数据。如果这两个节点不在同一子网中，则判断它们是否在同一层，即是否同时满足 $i_1 \neq i_2$ 和 $j_1 = j_2$。如果这两个节点位于同一层，则用子网间 SWMR 交叉开关进行通信；如果这两个节点位于不同层中，即满足 $j_1 \neq j_2$，则用层间 SWMR 交叉开关进行通信。

在使用 SWMR 交叉开关发送光数据信号前，携带目的地址信息的预约分组通过专用波导广播至目的子网内的所有节点，目的子网内的所有节点都将获得该信息，只有目的节点会激活其用于接收光信号的微环谐振器。假设该微环谐振器的谐振波长为 λ_k，则表示该目的节点可以接收分配波长为 λ_k 的源节点的信息；目的节点正确配置后，源节点将数据调制成波长为 λ_k 的光信号注入到特定 SWMR 波导中；负责接收的微环谐振器在将整个光信号耦合到目的节点之后，回调制至失谐状态，完成两个节点间的通信。

包含 L 层且在每层有 M 个子网的 Venus，使用 M 组不同波长实现任意两个子网之间的通信。每个子网使用两个波长组，一组波长用于与同层的子网或不同层对应位置的子网进行通信；另一组波长用于与既不是同层也不是对应位置的子网进行通信。每个子网有 K 个节点，每个波长组包含 K 个不同的波长。根据现有的调制技术和 K 的取值，一个波长组可在一个波导或多个波导中实现；每层可重用此 M 组波长，相同的波长在不同的空间中得到复用。例如，在 4 层 4 子网 9 节点的 Venus 中，使用四组波长 λ_A、λ_B、λ_C 和 λ_D。(i, j) 表示层 j 的第 i 个子网。如图 5.18(a) 所示为子网 (i_1, j_1) 和子网 (i_2, j_2) 之间的通信波长分配，两个子网位于同层 (即 $i_1 \neq i_2$ 且 $j_1 = j_2$) 或两个不同层的对应位置 $(i_1 = i_2$ 且 $j_1 \neq j_2)$。图 5.18(b) 所示为既不在同层也不在对应位置 (即 $i_1 \neq i_2$ 且 $j_1 \neq j_2$) 的两个子网间的通信波长分配。图 5.18(a) 中，子网 $(1, 1)$ 在波导 1 中使用波长组 λ_A 向子网 $(2, 1)$ 发送数据，子网 $(2, 1)$ 在波导 1 中使用波长组 λ_B 向子网 $(1, 1)$ 发送数据。图 5.18(b) 中，子网 $(2, 1)$ 使用波导 2 中的波长组 λ_A 向子网 $(1, 2)$ 发送数据。

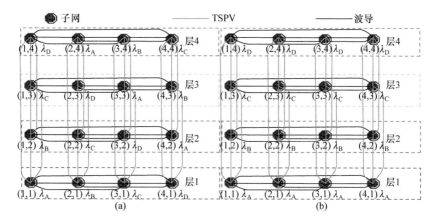

图 5.18　子网间的波长分配示意图

5.3.3　性能分析

Venus 的设计旨在片上集成核数不断增加的情况下，减小通信距离和通信过程中经过的波导交叉和微环谐振器数量，以降低通信时延和减小传播损耗。本节中利用 OPNET 对 Venus 架构从通信性能和损耗等方面对整体架构进行评估。

5.3.3.1　仿真设置

设定工作频率设置为 1GHz，即每个周期为 1ns。微环谐振器的切换时间约为 200ps。在仿真中，假设需要一个周期对硅光器件进行配置以控制微环谐振器的开关状态，微环谐振器由电信号配置。电传输带宽为 10Gbps，光传输带宽为 12.5Gbps。数据分组大小为 1024bit，控制分组大小为 32bit。

3D Omesh[24]被用于与 Venus 进行对比。Omesh 是基于光电路交换机制由两层 Mesh 网络构成的架构。在 64 个节点(规模为 8×4×2)、512 个节点(规模为 16×16×2) 和 1024 个节点(规模为 32×8×2)的情况下，对 3D Omesh 和 Venus 网络的时延、吞吐和插入损耗进行对比分析。64 核的 Venus 有 1 层网络和 1 个子网，512 核和 1024 核的 Venus 中有 4 层网络，每层网络有 4 个子网。

5.3.3.2　时延和吞吐性能分析

如图 5.19 所示为 64 核、512 核和 1024 核规模下，两种架构在均匀流量和矩阵转置流量模型下的时延性能。均匀流量模型中每个节点以相同的概率向其他节点发送数据分组，矩阵转置流量模型定义如下：

$$D.layer(j)subnet(i)cluster(k)ip(n)$$
$$= S.layer(Maxj - j - 1)subnet(Maxi - i - 1)cluster(Maxk - k$$
$$- 1)ip(Maxn - n - 1)$$

其中，D 和 S 分别表示目的和源。

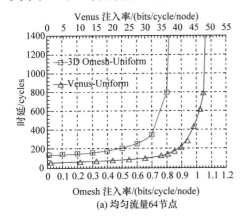

(a) 均匀流量64节点

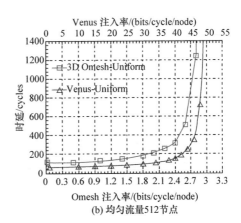

(b) 均匀流量512节点

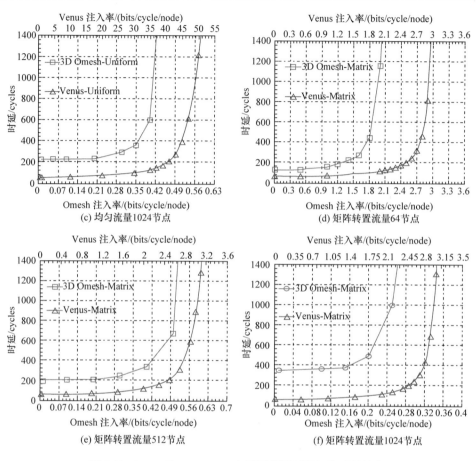

图 5.19　Venus 和 3D Omesh 在不同规模下的架构时延性能

均匀流量模型下，Venus 在不同的注入率均表现出比 Omesh 更低的时延。随着节点数量的增加，Venus 在时延性能方面表现出更明显的优势。Venus 采用单跳的光互连进行全局通信，采用电互连进行相邻节点之间的通信，使得 Venus 的网络直径为 1。与 Venus 相比，Omesh 的网络直径较大，导致电路交换中的路径预约开销较大。矩阵转置流量下，Venus 比 Omesh 时延更低，Venus 中的每个簇与不同子网的簇通信仅需要单跳，而 Omesh 需要多跳才能完成通信。在所有情况下，Venus 的饱和点都比 Omesh 要低。

图 5.20 所示为 Venus 和 3D Omesh 的归一化吞吐量对比，将使用单个波长的 3D Omesh 作为基准。选择与 Venus 使用相同波长数量的 3D Omesh 进行进一步对比，记为 3D Omesh-H。相比于普通的 3D Omesh，3D Omesh-H 具有更大的吞吐量。均匀流量模型下，Venus 在不同规模下均具有更优的吞吐。因为 Venus 的阻塞概率较低，随着网络规模的扩大，吞吐性能的差距更为明显。矩阵转置流量模型下，64

节点的 Venus 在吞吐性能略低于 3D Omesh-H；随着架构规模的扩大，Venus 会很快超过 3D Omesh 的吞吐量。

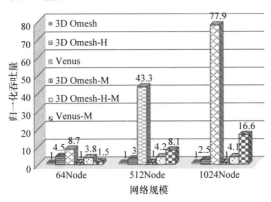

图 5.20　Venus 和 Omesh 的归一化吞吐量

基于 Netrace 对 Venus 和 Omesh 在真实流量模型下的架构性能进行了对比分析。流量 trace 是从 PARSEC v2.1 基准测试套件的 M5 仿真中收集，消息之间的依赖关系从全系统仿真器中捕获并执行。相比于无依赖关系的 trace 仿真，netrace 能更准确地跟踪全系统网络级的性能指标。Benchmark suits 运行在 64 核系统上，每个核包含 33KB/4way 的私有 L1 指令缓存和 L1 数据缓存，64 个核共享 16MB/8way 的 L2 缓存。对于不同的请求和响应，真实流量下的分组大小分别为 8Byte 和 72Byte。图 5.21 和图 5.22 所示为 Netrace 仿真对比结果，采用运行于不同应用下的 Omesh 作为对比基准。图 5.21 所示为 Venus 和 Omesh 的归一化执行加速比对比。结果表明，对于大多数应用，Venus 的执行速度比 Omesh 快 5%～20%。图 5.22 所示为 Venus 和 Omesh 的归一化分组时延对比。结果表

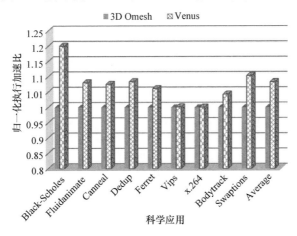

图 5.21　归一化执行加速比对比

明，Venus 的执行时延比 Omesh 低 20%～80%。

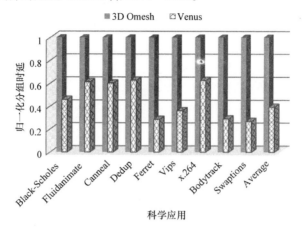

图 5.22　归一化分组时延对比

5.3.3.3　损耗分析

假设片上光互连架构中的光功率由片外激光源提供，初始光功率应确保经过传播损耗后到达接收模块时剩余光功率大于光电检测器的灵敏度，因此激光源功率由传输路径的总插入损耗决定。以最坏情况下的损耗提供所有通信时的光功率，可以所有节点间通信的可靠性。从源节点到目的节点的总插入损耗 $\mathrm{IL}_{\mathrm{total}}^{\mathrm{dB}}$ 通过文献[25]中的模型扩展得到，如以下公式：

$$\mathrm{IL}_{\mathrm{total}}^{\mathrm{dB}}=\mathrm{IL}_{\mathrm{propagation}}^{\mathrm{dB}}+\mathrm{IL}_{\mathrm{crossing}}^{\mathrm{dB}}+\mathrm{IL}_{\mathrm{bend}}^{\mathrm{dB}}+\mathrm{IL}_{\mathrm{drop}}^{\mathrm{dB}}+\mathrm{IL}_{\mathrm{through}}^{\mathrm{dB}}+\mathrm{IL}_{\mathrm{coupler}}^{\mathrm{dB}}$$

其中：

$$\mathrm{IL}_{\mathrm{crossing}}^{\mathrm{dB}} = P_{\mathrm{crossing}}^{\mathrm{dB}} \times N_{\mathrm{crossing}}$$

$$\mathrm{IL}_{\mathrm{propagation}}^{\mathrm{dB}} = P_{\mathrm{propagation}}^{\mathrm{dB}} \times l_{s-d}$$

$$\mathrm{IL}_{\mathrm{drop}}^{\mathrm{dB}} = P_{\mathrm{drop}}^{\mathrm{dB}} \times N_{\mathrm{drop}}$$

$$\mathrm{IL}_{\mathrm{coupler}}^{\mathrm{dB}} = P_{\mathrm{coupler}}^{\mathrm{dB}} \times N_{\mathrm{couple}}$$

相关参数及含义如表 5.3 所示。

表 5.3　损耗值

参数	取值	描述
$P_{\mathrm{propagation}}$/(dB/cm)	1	波导传输损耗
P_{crossing}/dB	0.05	波导交叉损耗
P_{bend}/dB	0.005	波导弯曲(90°)损耗

续表

参数	取值	描述
$P_{through}$/dB	0.01	微环经过损耗
P_{drop}/dB	0.5	微环耦合损耗
$P_{coupler}$/dB	0.97	TSPV 耦合器的损耗

ORNoC[9]和 3D Omesh 被选用与 Venus 对比架构的插入损耗。据估计，基于 22nm 的两个光电接口的距离为 1mm，64 节点的 3D Omesh、64 节点的 ORNoC、64 节点的 Venus、1024 核的 3D Omesh、1024 核的 ORNoC 和 1024 核的 Venus 的尺寸分别约为 $32mm^2$、$16mm^2$、$16mm^2$、$512mm^2$、$256mm^2$ 和 $64mm^2$。图 5.23 所示为 64 核和 1024 核架构的最坏情况下的损耗对比。64 核的 Venus 和 ORNoC 的最坏情况损耗比 3D Omesh 分别低 55.21% 和 52.23%。对于 1024 核规模的架构，ORNoC 中由于微环引入的经过损耗高，导致插入损耗最高；Venus 由于通信时较少的微环经过数量表现出最低的插入损耗。与 3D Omesh 和 ORNoC 相比，1024 核 Venus 架构的最坏情况下损耗分别降低了 20.78% 和 64.36%。

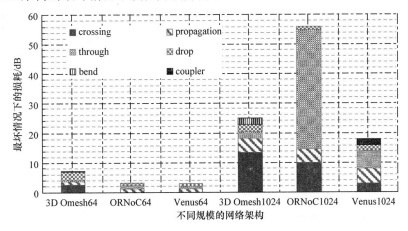

图 5.23　64 核/1024 核架构的最坏情况下的损耗对比

5.3.4　小结

本节中提出了面向千核系统的片上光互连架构 Venus。该架构为具有多个环形波导和电 Mesh 子网的三维片上光互连架构，通信距离为一跳，且波导交叉数量较少。结合空分复用技术和波长分配方案，该架构减少了通信时经过的微环谐振器数量，进而减小插入损耗。超低网络直径和较小的网络竞争使 Venus 实现非常低的通信时延。

参 考 文 献

[1] Vantrease D, Schreiber R, Monchiero M, et al. Corona: System implications of emerging nanophotonic technology[C]//International Symposium on Computer Architecture, Beijing, 2008, 36(3): 153-164.

[2] Kirman N, Kirman M, Dokania R K, et al. Leveraging optical technology in future bus-based chip multiprocessors[C]//Proceedings of the 39th Annual IEEE/ACM International Symposium on Microarchitecture, Orlando, 2006: 492-503.

[3] Pan Y, Kumar P, Kim J, et al. Firefly: Illuminating future network-on-chip with nanophotonics[C]// International Symposium on Computer Architecture, Austin, 2009, 37(3): 429-440.

[4] Gu H, Chen K, Yang Y, et al. MRONoC: A low latency and energy efficient on chip optical interconnect architecture[J]. IEEE Photonics Journal, 2017, 9(1): 1-12.

[5] Pasricha S. Exploring serial vertical interconnects for 3D ICs[C]//The 46th ACM/IEEE Design Automation Conference, San Francisco, 2009: 581-586.

[6] Zhang X, Louri A. A multilayer nanophotonic interconnection network for on-chip many-core communications[C]//The 47th ACM/IEEE Design Automation Conference, Anaheim, 2010: 156-161.

[7] Biberman A, Sherwood-Droz N, Zhu X, et al. Photonic network-on-chip architecture using 3D integration[C]//Optoelectronic Integrated Circuits XIII. International Society for Optics and Photonics, San Francisco, 2011, 7942: 79420M.

[8] Chen Z, Gu H, Yang Y, et al. Low latency and energy efficient optical network-on-chip using wavelength assignment[J]. IEEE Photonics Technology Letters, 2012, 24(24): 2296-2299.

[9] Le Beux S, Trajkovic J, O'Connor I, et al. Optical ring network-on-chip (ORNoC): Architecture and design methodology [C]//The Design, Automation & Test in Europe, Grenoble, 2011: 1-6.

[10] Li Z, Mohamed M, Chen X, et al. Iris: A hybrid nanophotonic network design for high-performance and low-power on-chip communication[J]. ACM Journal on Emerging Technologies in Computing Systems (JETC), 2011, 7(2): 8.

[11] Chan J, Hendry G, Bergman K, et al. Physical-layer modeling and system-level design of chip-scale photonic interconnection networks[J]. IEEE Transactions on Computer-aided Design of Integrated Circuits and Systems, 2011, 30(10): 1507-1520.

[12] Ahn J, Fiorentino M, Beausoleil R G, et al. Devices and architectures for photonic chip-scale integration[J]. Applied Physics A, 2009, 95(4): 989-997.

[13] O'Connor I. Optical solutions for system-level interconnect[C]//Proceedings of the 2004 International Workshop on System Level Interconnect Prediction, Paris, 2004: 79-88.

[14] Briere M, Girodias B, Bouchebaba Y, et al. System level assessment of an optical NoC in an MPSoC platform[C]//2007 Design, Automation & Test in Europe Conference & Exhibition, Detroit, 2007: 1-6.

[15] Tan X, Yang M, Zhang L, et al. A generic optical router design for photonic network-on-chips[J]. Journal of Lightwave Technology, 2011, 30(3): 368-376.

[16] Koohi S, Hessabi S. All-optical wavelength-routed architecture for a power-efficient network on chip[J]. IEEE Transactions on Computers, 2012, 63(3): 777-792.

[17] Li C, Browning M, Gratz P V, et al. LumiNOC: A power-efficient, high-performance, photonic

network-on-chip[J]. IEEE Transactions on Computer-Aided Design of Integrated Circuits and Systems, 2014, 33(6): 826-838.

[18] Koohi S, Yin Y, Hessabi S, et al. Towards a scalable, low-power all-optical architecture for networks-on-chip[J]. ACM Transactions on Embedded Computing Systems (TECS), 2014, 13(3s): 101.

[19] Yang Y, Chen K, Gu H, et al. TAONoC: A regular passive optical network-on-chip architecture based on comb switches[J]. IEEE Transactions on Very Large Scale Integration (VLSI) Systems, 2018.

[20] Chen K, Gu H, Yang Y, et al. A novel two-layer passive optical interconnection network for on-chip communication[J]. Journal of Lightwave Technology, 2014, 32(9): 1770-1776.

[21] Tan W, Gu H, Yang Y, et al. Venus: A low-latency, low-loss 3-D hybrid network-on-chip for kilocore systems[J]. Journal of Lightwave Technology, 2017, 35(24): 5448-5455.

[22] Kovsh A, Krestnikov I, Livshits D, et al. Quantum dot laser with 75 nm broad spectrum of emission[J]. Optics Letters, 2007, 32(7): 793-795.

[23] Ortín-Obón M, Tala M, Ramini L, et al. Contrasting laser power requirements of wavelength-routed optical NoC topologies subject to the floorplanning, placement, and routing constraints of a 3-D-stacked system[J]. IEEE Transactions on Very Large Scale Integration (VLSI) Systems, 2017, 25(7): 2081-2094.

[24] Ye Y, Xu J, Huang B, et al. 33-D mesh-based optical network-on-chip for multiprocessor system-on-chip[J]. IEEE Transactions on Computer-Aided Design of Integrated Circuits and Systems, 2013, 32(4): 584-596.

[25] Ramini L, Grani P, Bartolini S, et al. Contrasting wavelength-routed optical NoC topologies for power-efficient 3D-stacked multicore processors using physical-layer analysis[C]//Proceedings of the Conference on Design, Automation and Test in Europe, Grenoble, 2013: 1589-1594.

第6章 新型交换机制设计

本章将介绍片上光互连中的三种新型交换机制：一种是基于网络状态感知的光电路交换机制，一种是基于环形拓扑的光分组交换机制，另一种是结合光电路交换与光分组交换的混合交换机制。这三种交换机制针对传统交换机制存在的问题，进行了相应的创新，改善了性能。

6.1 基于网络状态感知的光电路交换机制

6.1.1 需求分析

光交换机制是片上光互连通信的重要组成部分，光交换机制的选择在很大程度上影响到时延、吞吐等网络性能，光交换机制是片上光互连的研究热点之一。光电路交换机制作为典型的交换机制在片上光互连中有着广泛的应用。光电路交换机制中采用"电控制，光传输"的方式完成通信；通过使用电控制网络提前预约链路的方式，可以保证数据信息在光网络中的连续传输。传统的光电路交换机制在建链过程中，由于链路资源是独享的，建链信息在预约光链路的过程中一旦发现当前节点的输出端口被预约，只能在当前节点阻塞并等待端口的释放。如图 6.1 所示，以使用 XY 路由算法的 Mesh 拓扑为例，节点对(S1→D1)的预约分组在节点(2, 2)处发生阻塞，而(1, 1)→(2, 1)→(2, 2)的路径已经被预约，致使节点对(S2→D2)和(S3→D3)的通信发生阻塞，进而分别阻塞节点对(S5→D5)和(S4→D4)的通信。图 6.1(a)表示(S1→D1)预约分组被阻塞在节点(2, 2)处，图 6.1(b)表示被阻塞的通信进一步阻塞(S2→D2)和(S3→D3)的通信，图 6.1(c)表示阻塞进一步扩展到更大范围。单一节点对通信的阻塞扩散至网络的其他节点，很多通信连接未建立极大地降低了链路的利用率，从而降低了整体的时延和吞吐等性能。

针对上述问题，本节提出了基于网络状态感知的光电路交换机制——HTRM[1]，该机制引入了两个指标，即采用预测建链分组在路由器中需要等待的时间和该分组阻塞其他分组的数目，预定了门限和规则，符合要求的被阻建链分组将进行重传，从而及时释放预约的链路资源，提高链路利用率。

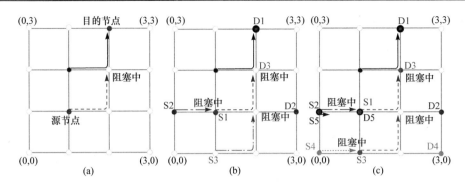

图 6.1　基于 Mesh 拓扑的片上光互连中通信阻塞的示例

6.1.2　互连架构

图 6.2 所示为 2D Mesh 拓扑的示例。基于 2D Mesh 的片上光互连架构由重叠的两层网络组成，即电控制网络和光传输网络。电控制网络负责光路径的预约和片上光路由器配置，光传输网络负责光数据信息的传输。本节以 2D Mesh 为例来说明所提出的光交换机制 HTRM，但是这种机制也可以应用于其他任意拓扑。

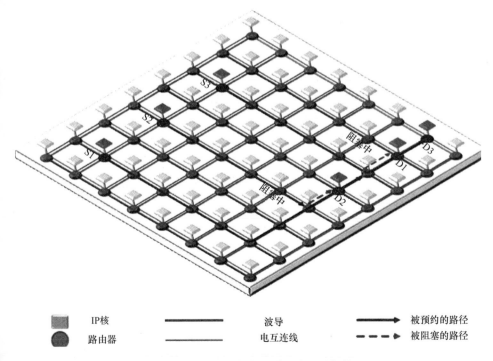

图 6.2　基于 Mesh 拓扑的片上光互连架构

6.1.3 基于网络状态感知的光电路交换机制

在所提出的光电路交换机制中，电控制网络采用五种类型的分组，包括建链分组、ACK 分组、拆链分组、阻塞确认(blocking-ACK) 分组和阻塞提醒 (blocking-reminder)分组。建链分组用于为数据消息预约光传输路径，ACK 分组用于通知源节点路径建立成功，拆链分组用于在数据消息传输结束后释放预约的链路资源，阻塞确认分组用于释放部分已预约的路径并通知源节点重新发送建链分组。阻塞提醒分组的产生和功能如下：当建链分组(记为分组 a)被其他建链分组(记为分组 b)第一次阻塞时，分组 a 所在的节点就会发出阻塞提醒分组，该阻塞提醒分组沿着分组 b 预约的路径传输至分组 b 发生阻塞的节点，这样该节点根据收到的阻塞提醒分组数目可以判断分组 b 对其他通信带来的影响。

在传统的光电路交换机制中，建链分组若被阻塞，则一直等待到所需的资源被释放，或者撤回建链分组并由源节点重新发送。与这两种方式不同，HTRM 综合考虑网络状态，在建链分组被阻时做出更合理的判断。在 HTRM 中，针对建链分组定义了三个规则，以确定在发生阻塞时要执行的操作。

规则 1：如果 $N_{\text{blo\_others}}$ 等于零，被阻塞的建链分组会在其所在的节点一直等待资源的释放。

$N_{\text{blo\_others}}$ 为建链分组阻塞其他分组的总数，通过收集阻塞提醒分组可获得该值，其初始值为零。当所预约的链路未阻塞其他分组时，重新建链会浪费能耗，规则 1 的设定可以避免这种情况的发生。

规则 2：如果建链分组在目的节点光路由器的输出端口发生阻塞，该建链分组会一直等待所需端口资源的释放。

在这种情况下，该建链分组不会遇到其他阻塞。因此，在目的节点的光路由器中等待更为合理。

规则 3：如果 T_{wait} 小于 T_{price}，被阻塞的建链分组会在其所在的节点一直等待资源的释放。

T_{wait} 是一个建链分组(记为分组 A)等待所需端口资源(记为端口 M)释放的预测时间，由如下公式计算得到：

$$T_{\text{wait}} = T_{\text{new\_avg}} - \left(T_{\text{cur}} - T_{\text{lock}}\right) \tag{6.1}$$

式中，T_{cur} 表示当前时刻，T_{lock} 是端口 M 被分组 A 锁定的时刻。因此，$\left(T_{\text{cur}} - T_{\text{lock}}\right)$ 代表端口 M 已经被占用的时间。$T_{\text{new\_avg}}$ 代表端口 M 每次被当前节点到目的节点跳数为 H_{cd} 的建链分组所占用的平均时间，其中 H_{cd} 为分组 A 距离目的节点的跳数，H_{cd} 可由当前节点和分组 A 的目的节点的坐标获得。$T_{\text{new\_avg}}$ 可由如下公式计算得到：

$$T_{\text{new\_avg}} = ((n-1)T_{\text{old\_avg}} + (T_{\text{unlock}} - T_{\text{lock}}))/n \qquad (6.2)$$

式中，n 为在该路由器中经过端口 M 且距离目的节点跳数为 H_{cd} 的分组总数，$T_{\text{old\_avg}}$ 为之前 $(n-1)$ 个距离目的节点跳数为 H_{cd} 的分组占用端口 M 的平均时间，其初始值为零，$T_{\text{new\_avg}}$ 由 $T_{\text{old\_avg}}$ 更新可得，T_{unlock} 为分组 A 释放端口 M 的时刻。

T_{price} 是用于预测传输阻塞确认分组和该节点收到重传建链分组所需要的时间，由如下公式获得：

$$T_{\text{price}} = \beta N_{\text{blo\_others}} + (1-\beta)T_{\text{non\_blo}} \qquad (6.3)$$

式中，$N_{\text{blo\_others}}$ 为分组 A 阻塞其他分组的总数，$T_{\text{non\_blo}}$ 代表在不考虑其他阻塞情况下，当前节点从发送阻塞确认分组开始到收到重传建链分组所产生的时延。权重 β 表示 $N_{\text{blo\_others}}$ 和 $T_{\text{non\_blo}}$ 之间的重要性，β 取值在 $0\sim1$ 之间。$T_{\text{non\_blo}}$ 可以由如下公式得到：

$$T_{\text{non\_blo}} = T_{\text{tear\_mod}} + T_{\text{ip}} + T_{\text{set\_mod}} + 2H_{\text{cs}} \times T_{\text{process}} \qquad (6.4)$$

式中，$T_{\text{tear\_mod}}$ 和 $T_{\text{set\_mod}}$ 分别为传输阻塞确认分组和重传建链分组的时间，H_{cs} 为当前节点到分组 A 的源节点的跳数，T_{process} 代表路由器中对建链分组和阻塞确认分组的处理时间。T_{ip} 为源节点从收到阻塞确认分组到重新发送建链分组的时间间隔，也是队列中下一个分组(分组 B)的通信时间。T_{ip} 由如下公式获得：

$$T_{\text{ip}} = T_{\text{set\_mod}} + H_{\text{sd}} \times T_{\text{process}} + T_{\text{ack\_mod}} + T_{\text{op\_mod}} + T_{\text{tear\_mod}} \qquad (6.5)$$

式中，$T_{\text{set\_mod}}$、$T_{\text{ack\_mod}}$、$T_{\text{op\_mod}}$ 和 $T_{\text{tear\_mod}}$ 分别代表建链分组、ACK 分组、数据和拆链分组的传输时延。H_{sd} 为分组 B 的源节点到目的节点的跳数。通常 T_{price} 为一个动态值，这使得 HTRM 可以灵活地适应不同的网络状态。

HTRM 的详细步骤如下：

步骤 1：源节点发送建链分组，以建立源节点和目的节点之间的传输光路径。

步骤 2：判断建链分组所在的当前节点是否是目的节点。如果不是，跳转到步骤 3；否则，跳转到步骤 7。

步骤 3：判断当前建链分组所需的输出端口是否被占用。如果是，则转到步骤 4；否则，预约输出端口，并将建链分组传输到下一个节点，然后返回到步骤 2。

步骤 4：如果当前建链分组在此路由器中第一次被阻塞，则通过请求的端口发送一个阻塞提醒分组；阻塞提醒分组沿预约的路径传播，以通知沿途路径该预留路径被阻塞。

步骤 5：检查 $N_{\text{blo\_others}}$ 和 T_{wait}，并执行如算法 6.1 所示的重传决策算法。如果 F_{wait} 为真，则在轮询间隔后返回步骤 3；否则，转到步骤 6。

算法 6.1　重传决策算法

算法 6.1: 重传决策算法

Input:　current node address: (x_c, y_c); destination address of the packet: (x_d, y_d);
　　　　　source address of the packet: (x_s, y_s);
　　　　　The average waiting time for the packet: T_{wait};
　　　　　the number of the blocking packets for the packet: N_{blo_others}.
Output:　F_{wait} //the flag denotes whether to create blocking-ACK or not.
Begin
1　　$H_{cs} = |x_c - x_s| + |y_c - y_s|$. $H_{cd} = |x_c - x_d| + |y_c - y_d|$.
　　$H_{sd} = |x_s - x_d| + |y_s - y_d|$.　　　　　// The parameters used in Rule 3.
2　　$F_{wait} = false$.
3　　**if** (Rule 1 or Rule 2 is satisfied) **then**
4　　　　Wait in the current router.
5　　　　$F_{wait} = true$.
6　　**else then**
7　　　　**if** (Rule 3 is satisfied) **then**
8　　　　　　Create blocking-ACK packet.
9　　　　　　Send the blocking-ACK packet back to the source via reserved path.
10　　　　　Release the reserved resources along the path.
11　　　　　$F_{wait} = false$.
12　　　　**else then**
13　　　　　Wait in the current router.
14　　　　　$F_{wait} = true$.
15　　　**end if**
16　　**end if**
End

步骤 6：源节点接收到阻塞确认分组后，发送同一队列的下一个建链分组，并记录上一个建链分组失败的信息，返回步骤 2。

步骤 7：目的节点向源节点发送 ACK 分组。

步骤 8：源节点收到 ACK 分组后，将数据信息沿已经预约的路径发送给目的节点。

步骤 9：源节点发送拆链分组到目的节点。如果没有记录失败的建链分组，则结束所有步骤；否则，重新发送之前失败的建链分组到下一个节点。返回到步骤 2。

为了实现 HTRM，传统的片上电路由器需要改进：电路由器的每个端口需要配置一个计数器，并维护两个信息表。如果建链分组在电路由器中被阻塞，则所请求端口的计数器将记录此建链分组的阻塞提醒分组数量，由此可以得到 $N_{\mathrm{blo\_others}}$，即被该建链分组阻塞的分组数目。当所请求的端口资源被释放时，将更新建链分组中的 $N_{\mathrm{blo\_others}}$，重置计数器的值为零。当产生阻塞确认分组时，计数器将直接重置为零。

每个电路由器维护的两个信息表：一个名为 Time[port][hop]的本地时间表和一个名为 Number[port][hop] 的辅助表。Time[port][hop]记录 $T_{\mathrm{new\_avg}}$ 的值，Number[port][hop]记录 n 的值，有助于更新 Time[port][hop]。建链分组所请求的输出端口(p_i)可以根据路由算法来确定。通过使用当前节点和目的节点的地址可以获得当前节点和目的节点之间的距离 h_i。结合 p_i 和 h_i，通过检查表 Time$[p_i][h_i]$ 和 Number$[p_i][h_i]$，可分别获取 $T_{\text{new\_avg}}$ 和 n。端口被锁定的时间为 $(T_{\text{cur}} - T_{\text{lock}})$，可以通过计算获得 T_{wait}，判断规则 3 是否满足。时间表的更新方式为：当建链分组到达电路由器并预约某个输出端口 p_i 时，预约(即锁住)端口的时间记录在 $T_{\text{lock}}[p_i]$ 中。一旦端口 p_i 被释放，可以计算当前节点和目的节点之间的距离 h_i，从 Number$[p_i][h_i]$ 中获取 n。结合 n 和 h_i 的结果，自适应地更新 Time$[p_i][h_i]$，更新的方法如下式所示：

$$T_{\text{new}}[\text{port}][\text{hop}] = ((n-1)T_{\text{old}}[\text{port}][\text{hop}] + (T_{\text{unlock}} - T_{\text{lock}}))/n \qquad (6.6)$$

式中，$T_{\text{old}}[\text{port}][\text{hop}]$ 和 $T_{\text{new}}[\text{port}][\text{hop}]$ 分别为之前的记录时间和新的记录时间。两个表的大小均为 $O(\#\text{port}) \times O(\text{diameter})$，$\#\text{port}$ 为电路由器中总的端口数目，diameter 为源-目的节点对的最大跳数。

6.1.4　性能分析

为了评估所提出的光电路交换机制的性能，基于 OPNET 开发了一个网络性能的模拟器。OPNET 是一个仿真环境，可为模块化结构、通信协议和网络性能(如时延、吞吐)的准确建模提供强有力的支持。OPNET 中的过程交互和事件驱动仿真引擎的结合，能够更快速、更有效、更灵活地模拟大规模架构。它采用的图形用户界面(Graphical User Interface, GUI)和分层建模，使建立仿真场景更加容易。

在评估所提机制的性能的同时，与其他类似机制在综合流量模式和 Netrace[2] 真实流量模式下进行了比较。综合流量模式中选用了常见的均匀流量模型和热点流量模型。在均匀流量模型中，每个节点随机地等概率发送数据分组到其他所有节点；在热点流量模型下，指定特定区域的 16 个节点为热点节点，发向热点的流量占总流量的 10%，其余流量为常规的均匀流量。Netrace 中的 trace 是从 PARSEC v2.1 基准测试套件的 M5 仿真中收集，这些 trace 中存在网络信息之间的依赖关系。

仿真使用规模为 8×8 的 Mesh 拓扑，采用 XY 路由算法，该算法由于无死锁、简单易实现的特性得到广泛使用。仿真考虑的性能指标是归一化负载下的吞吐和平均端到端时延，其中假设单个波长的调制速率是 12.5Gbps。表 6.1 所示为仿真使用的参数配置。对于权重系数 β，测试了 β 值不同时，在均匀流量模型下的时延性能。β 分别为 0、0.5 和 1。当 β 为 0 时，只考虑重传过程所用的时间；当 β 为 1 时，只考虑到来的数据阻塞的其他分组；当 β 为 0.5 时，同时考虑这两个因素。如图 6.3 所示，HTRM-β：0.5 的情况在性能上超过了其他两种情况。综合考虑 $N_{\text{blo\_others}}$ 和 $T_{\text{non\_blo}}$，比单独只考虑一个因子效果更优。在后续仿真中采用 β=0.5。

<table>

表 6.1　参数配置

参数	取值
ACK 分组长度/bit	32
建链分组长度/bit	32
拆链分组长度/bit	32
阻塞确认分组长度/bit	32
阻塞提醒分组长度/bit	16
负载分组长度/bit	1024
路由器流水线阶段/cycles	3
时钟频率/GHz	1

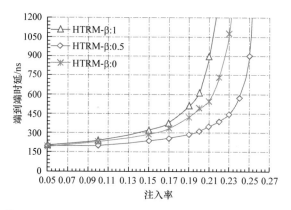

图 6.3　规模为 8×8 的架构中，当 β 值不同时，在均匀流量模型下的时延性能

在综合流量模式下的性能评估，还考虑了其他两种类似机制：Shacham 提出的机制(记为 NACK)和传统光电路交换机制(记为 TOCS)。图 6.4 所示为在均匀流量和热点流量下 HTRM、TOCS、NACK 的端到端时延对比。当负载低于 0.12 时，竞争很少，三种机制下的端到端时延几乎相等。当负载高于 0.14 时，在均匀流量

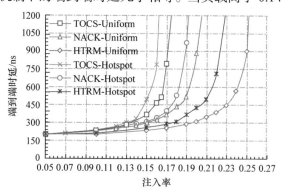

图 6.4　均匀流量模型和热点流量模型下，规模为 8×8 的架构中的端到端时延性能

和热点流量下，NACK、HTRM 的端到端时延远低于 TOCS，且 HTRM 的时延明显低于 NACK。特别是当负载超过 0.18 时，与 TOCS 和 NACK 相比，因为路径预约的平均时延减少，HTRM 的总时延分别降低了至少 50% 和 87%。

图 6.5 所示为在两种流量模型下，重传建链分组的数量随负载的变化情况。与 NACK 相比，HTRM 的重传建链分组数目显著减少，这进一步证明 HTRM 不仅有助于提高性能，还可以减少额外建链开销。

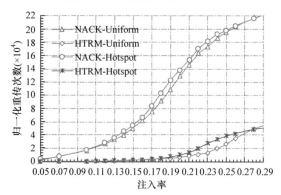

图 6.5　均匀流量模型和热点流量模型下，规模为 8×8 的架构的重传建链分组数

图 6.6 所示为三种不同机制下的归一化吞吐。与 TOCS 相比，NACK 在均匀流量模型下吞吐提升 25.9%，在热点流量模型下吞吐提升 30%；而在均匀和热点流量模型下，HTRM 的吞吐分别提升了 40.9% 和 42.6%。结果表明，HTRM 的吞吐性能优于 NACK。这两种机制在热点流量模型下均能够获得更好的性能，进一步证明了这两种机制在竞争严重时能够更加有效地工作。

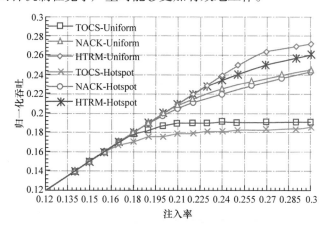

图 6.6　均匀流量模型和热点流量模型下，规模为 8×8 的架构的归一化吞吐性能

　　仿真对 9 个 PARSEC 基准测试 trace 中的总应用加速比和平均分组时延进行了评估，均以 TOCS 为标准进行归一化，结果如图 6.7 和图 6.8 所示。从图 6.7 中可以看出，HTRM 和 NACK 在所有基准测试中，平均分组时延的性能都有所提升。在 x264 中，性能的提升最为明显，NACK 的平均分组时延提升了 15.5%，HTRM 提升了 20.7%。在 Swaptions 中，性能提升最不明显，其中 NACK 和 HTRM 的平均分组时延分别提升了 2.1% 和 6.2%，主要原因是该应用中流量负载较低，竞争不严重。结合图 6.4 和图 6.6 的结果，优化后的机制在高负载下能提供更好的性能，但在低负载下的性能提升不明显。

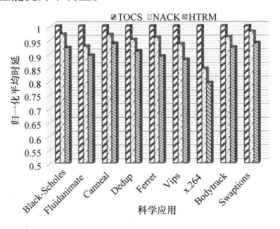

图 6.7　以 TOCS 为标准的归一化平均分组时延性能

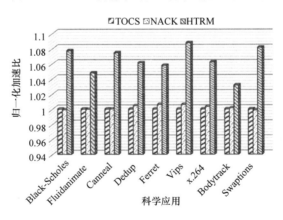

图 6.8　以 TOCS 为标准的归一化加速比

　　如图 6.8 所示，NACK 在 9 个基准下与 TOCS 的执行速度几乎相同，例如 Black-Sholes、Canneal 和 Bodytrack；在 Fluidanimate、Dedup、Ferret、Vips 和 x.264 下加速比略有提升。在 Swaptions 下，由于流量中较低的竞争以及不考虑网络状态的重传建链分组，NACK 的运行速度表现出轻微的降低。相比之下，HTRM 在所有基准测试中均优于 TOCS，平均加速比大约为 6.5%，Vips 下为 8.8%，Bodytrack下为 3.2%，这是由于对阻塞建链分组的重传设定了规则进行优化。规则 1 的设定，如果建链分组没有阻塞其他分组，就不会启动重传机制。因此，重传建链分组的数量和建链的开销大大减少，这可以通过图 6.9 进一步证明，其中重传数以 HTRM为标准进行归一化。与 NACK 相比，HTRM 在所有基准测试中性能提升了 10 倍以上，获得最大提升的是在 Dedup 下，性能提高了 14.2 倍。因此，在应用基准下的评估进一步验证了 HTRM 能够提升网络性能。

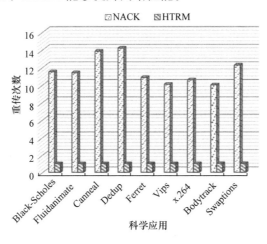

图 6.9　以 HTRM 为标准的重传数

6.1.5　优缺点分析

为了解决片上光互连在高负载下建链分组存在阻塞严重的问题，本节提出了一种名为 HTRM 的基于网络状态感知的光电路交换机制。考虑到实时网络状态情况，HTRM 通过重传建链分组，以尽快释放所预约的链路资源，从而提高链路利用率，减小整体的建链时间。HTRM 通过定义规则，减轻了建链开销。仿真结果表明，HTRM 在提高吞吐和降低端到端时延方面效果很好。尽管本节中采用 2D Mesh 来说明 HTRM 的原理，但所提出的机制可以很容易地应用于其他任意拓扑。

6.2　基于环形拓扑的光分组交换机制

6.2.1　需求分析

对不同片上光互连架构的研究表明，减小架构尺寸和增大通信容量的需求日益增加。相比于电路交换，片上光互连架构中采用的分组交换需要更多资源(队列缓存、分组处理单元)，这些资源增加了传输每个分组所需的功耗。因此，在片上光互连架构设计中，不仅要考虑高带宽的需求，还要考虑如何保证较小的面积和功耗开销。

片上电互连架构受限于每条波导的传输带宽，通信容量存在瓶颈，无法适应不断增长的流量需求，在片上架构中应用光互连可以解决这个问题。为了减小传统电互连架构中由分组交换的缓存带来的能耗开销，可以使用全光分组路由器代替电路由器。全光意味着分组以光的形式路由，光器件仅在切换状态的时候消耗能量，提供了增大数据速率的可能性。光分组交换的关键挑战在于如何实现光缓存，目前，还未有成熟的光缓存技术能够满足全光分组交换的要求，而电缓存有着更小的尺寸、更低的功耗并且可以提供完全随机访问。因此，在片上光互连架构中仍然广泛采用电缓存，各节点将光信号解调后以电的形式进行缓存和处理，再调制到合适的波长以光的形式发送。光电、电光转换会导致额外的能耗开销，本节介绍一种片上光互连架构RPNoC[3]，通过设计高效的波长分配方案以及路由策略来降低分组传输的平均跳数，从而降低由光电、电光转换带来的能耗开销。

6.2.2　网络架构

RPNoC 是基于环形拓扑的架构，根据架构中波导数量的差异可分为单波导RPNoC(S-RPNoC)和多波导 RPNoC(M-RPNoC)两种结构。在 S-RPNoC 中，所有节点通过一根环形波导连接。8 节点的 S-RPNoC 如图 6.10 所示，每个节点包含IP 核和路由器。所有节点依次编号为 0, 1, 2, …, 7。如果节点 i 和节点 j 通信，节点 i 将信息调制到特定波长以光信号的形式在环形波导中传输；节点 j 通过微环谐振器将该光信号解调出来。环形波导提供双向传输，并且支持同时传输多路不同波长的光信号。对于具有 $N=2^n$ 个节点的网络，节点 i 和 j 之间的距离定义为

$$d(i,j)=\begin{cases} j-i+2^n, & -2^n+1 \leqslant j-i \leqslant -2^{n-1} \\ j-i, & -2^{n-1}+1 \leqslant j-i \leqslant 2^{n-1} \\ j-i-2^n, & 2^{n-1}+1 \leqslant j-i \leqslant 2^n-1 \end{cases} \tag{6.7}$$

任意两个节点之间的距离 $d(i,j)$ 在 -2^{n-1} 到 2^{n-1} 的范围内取值。当且仅当 $d(i,j)>0$，$|d(i,j)|$ 表示节点 i 与节点 j 顺时针通信的路径长度；当且仅当 $d(i,j)<0$，$|d(i,j)|$ 表示节点 i 与节点 j 逆时针通信的路径长度。即在任何情况下，$|d(i,j)|$ 表示环形拓扑中两个节点之间的最短路径长度。定义以一跳实现两个节点之间传输的通道为直接传输通道，对于距离为 d 的一对节点，直接传输通道的长度是 $|d|$。

在 8 节点 S-RPNoC 中，按通信距离划分三种类型的波长通道，共包含 10 个波长。第一种波长通道实现距离为 ±1 的 2 个节点之间的通信。为避免干扰，当 2

个直接传输通道的路径重叠时，需要 2 个波长，表示为 $\{\lambda_0, \lambda_1\}$。如图 6.10 所示，λ_0 分配给从节点 0 到节点 1 和 7、从节点 2 到节点 1 和 3、从节点 4 到节点 3 和 5 以及从节点 6 到节点 5 和 7 的直接传输通道；为了避免干扰 λ_0 通道，将 λ_1 分配给从节点 1 到节点 0 和 2、从节点 3 到节点 2 和 4、从节点 5 到节点 4 和 6 以及从节点 7 到节点 6 和 0 的直接传输通道。类似地，为第二种波长通道分配 $\{\lambda_2, \lambda_3, \lambda_4, \lambda_5\}$，以实现距离为 ±2 的两个节点之间的通信；为第三种波长通道分配 $\{\lambda_6, \lambda_7, \lambda_8, \lambda_9\}$，以实现距离为 ±4 的两个节点之间的通信。第三种类型的波长通道用于连接相距最远的节点对，这种情况下，顺时针和逆时针传输均到达同一目的节点。因此，在第三种类型的波长通道中使用一个传输方向，包含 4 个波长。

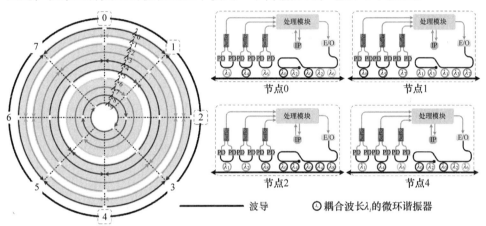

图 6.10　8 节点 RPNoC 架构及其波长分配方案

对于具有 $N = 2^n$ 个节点的网络，按照 S-RPNoC 中的波长分配原则，所需的波长总数为

$$N_{wl} = 2 + 2^2 + \cdots + 2^{n-1} + 2^{n-1} = 3 \cdot 2^{n-1} - 2$$
$$= \frac{3}{2}N - 2 = O(N) \tag{6.8}$$

该式表明随着节点数量增加，网络所需的波长数量呈线性增加。

单根波导可以复用的波长数目有限，以现有技术能实现的 64 波长[4] 为例，S-RPNoC 的网络节点数目最大为 32。为了进一步扩展网络规模，当波长数目一定时，只能增加波导数目。假设波导中可以使用的最大波长数为 $N_{\max}$，RPNoC 中所需的最小波导数量可以表示为

$$N_{wg} = \left\lceil (3 \cdot 2^{n-1} - 2)/N_{\max} \right\rceil = \left\lceil \left(\frac{3}{2}N - 2 \right) / N_{\max} \right\rceil \tag{6.9}$$

通过在 RPNoC 的环形拓扑中引入多根波导所形成的架构为多波导 RPNoC

(M-RPNoC)。图 6.11 显示了 64 节点的 M-RPNoC 架构，使用 2 根波导对 47 个波长重复利用，即在内侧和外侧波导中复用相同的波长组 $\lambda_0 \sim \lambda_{46}$。M-RPNoC 通过将波分复用和空分复用结合，能够有效克服 S-RPNoC 中的波长资源限制。这种结合方式对原始波长分配结果没有任何影响，并且不会引入任何除波导以外的光学装置。

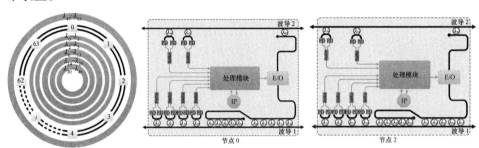

图 6.11　64 节点的 M-RPNoC 架构

6.2.3　基于环形拓扑的光分组交换机制

对于 2^n 个节点的 RPNoC，任意两节点之间的距离可能为 $\pm1, \pm2, \cdots, \pm 2n-1$。由整数的二进制表示法则，0 到 $2n-1$ 之间的任意一个整数 n 可以表示为

$$N = \sum_{k=0}^{n-1} i_k \cdot 2^k = i_0 + i_1 \cdot 2 + \cdots i_{n-1} \cdot 2^{n-1} \tag{6.10}$$

其中为 i_k=0 或 1，$i_{n-1}\ldots i_1 i_0$ 为 N 的二进制表示形式。2^n 节点 RPNoC 中任意两节点的距离在 $-2n-1$ 到 $2n-1$ 之间，其中任意一个整数 d 可以分解为

$$d = \sum_{k=0}^{n-1} i_k \times (\pm 2^k) = i_0 \times (\pm 1) + i_1 \times (\pm 2) + i_2 \times (\pm 4) + \ldots + i_{n-1} \times (\pm 2^{n-1}) \tag{6.11}$$

其中，k=0 或 1。该式表明在 2^n 节点 RPNoC 中，任意两节点之间的距离可以表示为 $\pm1, \pm2, \pm4, \cdots, \pm 2^{n-1}$ 几种基本数值的组合。基于这种方法，提出了一种确定性的无死锁路由算法，以在节点对之间实现跳数最小的通信。算法可由算法 6.2 描述。

算法 6.2　RPNoC 中的最小跳数路由算法

算法 6.2: RPNoC 中的最小跳数路由算法

Inputs: source node i, destination node j ;
Outputs: assigned wavelengths $\lambda(t_k)$;
1 Compute $d(i,j)$;
2 Resolve $d(i,j)$ based on formula (6.11), making sure $d(i,j)$ consists of minimum number of terms. Suppose it can be written as

$$d(i, j) = t_1 + t_2 + \cdots t_m$$

where $|t_m| > |t_{m-1}| > \ldots > |t_1|$;

```
3  k=m;
4  if k>0
5      Find the wavelength λ(t_k) according to t_k and the proposed wavelength assignment method;
6  then
          Find the waveguide according to λ(t_k);
7      if t_k>0
   Transmit the optical signal clockwise using λ(t_k);
8      else if t_k<0
   Transmit the optical signal counter clockwise using λ(t_k);
9      end if
10 else
11     break;                    //packet arrives at the destination
12 end if
13    k = k–1, back to 3;
```

该路由算法具有一定自适应性，可以在保证传输跳数最小的前提下充分利用架构资源，从而减小竞争和时延。以 8 节点 RPNoC 为例说明路由算法的工作原理，任意两节点进行通信时，首先计算源节点和目的节点之间的距离 d，将 d 分解为一组基本量(即 $\pm1, \pm2, \pm4, \cdots, \pm2^{n-1}$)的和。分解结果并不唯一，可以为路由提供自适应性。例如节点 0 与节点 3 通信，两节点的距离 $d=3$，可以分解为 $3=2+1=4-1$。需要发送的分组可以沿顺时针方向以 λ_2 从节点 0 到节点 2 传输，再以 λ_0 从节点 2 到节点 3 传输；也可以沿顺时针方向以 λ_6 从节点 0 到节点 4 传输，再沿逆时针方向以 λ_0 从节点 4 到节点 3 传输。根据路径中端口的空闲程度决定分组的传输路径，如果所有端口均被占用，那么分组在缓存中等待。若两节点间距离 $d=7$，可以分解为 $7=4+2+1=8-1$，分别需要三跳、两跳进行传输。在片上光互连架构中，每多一跳意味着需要增加一次光电转换和电光转换，会带来额外的功耗和时延开销。RPNoC 采用传输跳数最小的原则，只检查后一种解决方案对应的端口是否空闲，并选择空闲的端口发送分组。

在另一个 128 节点 RPNoC 的例子中，如果节点 0 与节点 75 通信，分组的路由如下：

$$节点 0 \to 节点 64 \to 节点 72 \to 节点 74 \to 节点 75$$

通信过程仅需 4 跳。假设通信发生在 128 节点的 Mesh 中，即节点 0(0, 0)与节点 75(10, 4)通信，根据 XY 路由算法，需按如下方式路由分组：

$$(0,0)\to(1,0)\to(2,0)\to(3,0)\to(4,0)\to(5,0)\to(6,0)\to(7,0)\to$$
$$(8,0)\to(9,0)\to(10,0)\to(10,1)\to(10,2)\to(10,3)\to(10,4)$$

共需要 14 跳才能完成通信。

2^n 节点 RPNoC 的网络直径等于对 -2^{n-1} 到 2^{n-1} 范围内的整数分解得到的最大项数。在式(6.10)中，任意 0 到 2^{n-1} 范围内的整数可由最多 n 项和的形式给出。在式(6.11)中，引入了负向距离，使最大项数减少一半。任意 -2^{n-1} 到 2^{n-1} 的整数都可由最多 $[n/2]$ 项和的形式给出。对于 $N=2^n$ 节点的 RPNoC，网络直径为：

$$\text{Hop}_{max} = \frac{n}{2} = \frac{\log_2 N}{2} \tag{6.12}$$

随着节点数量增加，RPNoC 的网络直径呈对数增长，这种增长远远低于传统 NoC 架构。表 6.2 列出了上述路由算法下不同规模 RPNoC 的网络直径。随着架构规模扩大，RPNoC 的网络直径增长得十分缓慢。将 RPNoC 的网络直径与其他基于分组交换的片上光互连架构(Mesh、2D-Torus、Hypercube、TON-Ⅰ、TON-Ⅱ、TON-Ⅲ)进行比较，结果如表 6.3 所示。不同网络规模下，RPNoC 的网络直径均小于其他片上光互连架构，这种优势随着网络规模的增大而愈加明显。由于网络直径较小，RPNoC 在时延和功耗方面具有更好的性能。

表 6.2　不同规模 RPNoC 的网络直径

节点数	4	8	16	32	64	128	256	512	1024
网络直径	1	2	2	3	3	4	4	5	5

表 6.3　RPNoC 与其他片上光互连架构的网络直径对比

	64 节点	256 节点	1024 节点
Mesh	14	30	62
2D-Torus	8	16	32
Hypercube	6	8	10
TON-Ⅰ	8	16	32
TON-Ⅱ	4	8	16
TON-Ⅲ	4	8	16
RPNoC	3	4	5

6.2.4　性能分析

本节使用 OPNET 仿真器对 RPNoC 的性能进行评估，对三种不同流量模式下 RPNoC 的端到端时延和平均吞吐的性能进行了仿真分析。选择 Omesh 和 Emesh 两种架构作为对比，各架构的网络规模均为 64 节点。三种流量模式分别为均匀流量模式、热点流量模式和位反转流量模式，分组长度设置为 256 位。图 6.12(a)~(c)显示了三种流量模式下各架构的时延和吞吐性能。在均匀流量模式下，由于平均跳数较小，RPNoC 具有最大的饱和点。RPNoC 的最大吞吐量约为每纳秒 6.3 个分组，相应的饱和带宽约为 1.612Tbps，比 Omesh 和 Emesh 分别高约 10%和 50%。热点

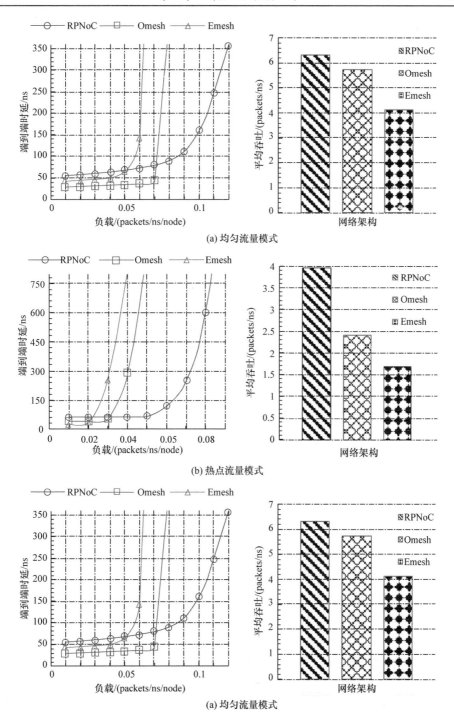

图 6.12　三种流量模式下 RPNoC 与 Omesh 和 Emesh 两种架构的端到端时延和平均吞吐量对比

流量模式下，所有节点以高的特定概率将分组发送到某个热点，流量的集中会使三种架构提前饱和。RPNoC 的最大吞吐量为每纳秒 3.98 个分组，相应的饱和带宽约为 1.018Tbps，比 Omesh 和 Emesh 分别高约 65% 和 134%。位反转流量模式下，RPNoC 的最大吞吐量为每纳秒 2.72 个分组，相应的饱和带宽约为 0.7Tbps，比 Omesh 低约 6%，比 Emesh 高约 41%。

在均匀流量模式下，对比了 32 节点、64 节点和 128 节点网络规模下 RPNoC 和 Omesh 的平均吞吐性能。图 6.13 显示了两种架构的平均吞吐量如何随着节点数量的增长而增长，RPNoC 的平均吞吐量随节点数量的增加而近似线性变化，而 Omesh 在节点数量较大时表现出很低的平均吞吐量增长。测试结果表明 RPNoC 具有良好的可扩展性。128 节点的网络规模下，RPNoC 和 Mesh 的网络直径分别为 4 和 22，较高的网络直径导致 Omesh 的网络性能不理想。

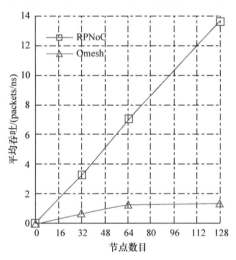

图 6.13　不同节点数量 RPNoC 和 Omesh 的平均吞吐量

RPNoC 采用了一种新的波长分配方案和无死锁的自适应路由算法，与其他采用分组交换的片上光互连架构相比，极大地降低了分组传输的最大跳数。在均匀流量模式、热点流量模式和位反转流量模式下，RPNoC 具有比 Omesh 和 Emesh 更高的吞吐量、更低的时延以及更低的能耗。

6.3　基于光电路交换与光分组交换的混合交换机制

6.3.1　需求分析

光交换机制确定了片上信息在传输过程中网络资源的分配方式，对网络性能的影响很大。

　　片上光互连中的应用存在着多种服务需求，按照服务需求的不同，大体可以分为两类：保证服务质量的应用和尽力服务的应用。保证服务质量的应用需要预约链路资源以确保传输的正确性和稳定性；尽力服务的应用不需要提前进行链路的预约，因而服务质量得不到保证。服务需求不同的应用分别有着各自不同的特点：大多数保证服务质量的应用具有持续的服务需求，信息分组大；在尽力服务的应用中，信息分组小且突发性较大。

　　因此两种不同的服务需求可以通过使用光电路交换和光分组交换两种不同的交换机制进行实现。对于保证服务质量的应用，可以选择使用光电路交换机制以实现服务质量。但是光电路交换机制还存在如下问题。第一，对于长度较大的分组传输比较有效，但对于长度较小、生存期较短，特别是具有突发性的分组传输，频繁建立光链路会导致消息的通信时延较大；第二，在光电路交换机制中，一旦光链路建立，只有在链路拆除之后，相应的资源才可以再次使用，因而不能实现光链路资源的统计复用，带宽利用率较低，成本较高。对于尽力服务的应用，可以选择使用光分组交换机制。但是仅使用光分组交换机制也存在着以下的问题。第一，该片上光路由器只可用于光分组交换机制，对于吞吐要求高、生存期较长的信息，传输效率不高；第二，该片上光路由器使用了较多的激光器和光电探测器，所需能耗较大；第三，该片上光路由器不能提供保证服务质量的传输。因此，设计一种能够兼顾两种应用需求的架构和机制，同时能够保证时延、吞吐和能耗等性能，这将是一种比较理想的选择。本节提出了一种基于光电路交换和光分组交换的混合交换机制，并设计了相应的片上光路由器结构，以同时满足两种应用的服务需求。

6.3.2　光路由器架构

　　基于混合交换机制的片上光路由器，可以解决片上光路由器只适用于单一交换机制所面临的问题，实现两种交换机制的协调配合，对不同类型的消息，分别进行了性能处理，以降低片上光互连架构中消息的通信时延，提高传输效率和资源利用率。

　　如图 6.14 所示提出了一种新型片上光路由器，包括光电路交换(optical circuit switching, OCS)部分和光分组交换(optical packet switching, OPS)部分，其中 OCS 部分和 OPS 部分在片上光路由器中通过各端口的一组解复用器和复用器相连，以便在这两部分中各自使用不同的波长传输数据。

　　片上混合交换光路由器中光分组交换(OPS)部分由 OPS 电域模块和 OPS 光域

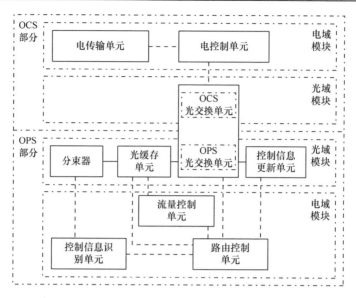

图 6.14　基于混合交换机制的片上光路由器的原理示意图

模块组成，虚线表示片上电互连，实线表示用波导实现的片上光互连。OPS 电域模块用于完成光分组中控制信息的识别，以及光分组在传输过程中的路由控制和流量控制，主要由控制信息识别单元、路由控制单元和流量控制单元组成。OPS光域模块由五组波导、五个分束器、五个光缓存单元、一个光交换单元和五个控制信息更新单元组成，该模块完成光分组中控制信息与数据信息的分离、缓存竞争端口失败的光分组、在路由器端口之间实现光分组的交换以及在交换过程结束后对光分组中控制信息的更新。OPS 电域模块与 OPS 光域模块通过电互连方式相连：电域的 OPS 控制信息识别单元与光域的各个 OPS 分束器分别通过电互连方式相连，电域的 OPS 路由控制单元与光域的各个 OPS 光缓存单元、光交换单元以及各个 OPS 控制信息更新单元分别通过电互连方式相连；电域的 OPS 流量控制单元与光域的各个 OPS 光缓存单元分别通过电互连方式相连。在光分组的传输与交换过程中，由电域模块为光域模块提供控制信息。

　　OPS 电域模块中的控制信息识别单元和流量控制单元分别通过电互连方式与路由控制单元相连；该控制信息识别单元读取光分组中的控制信息，为路由控制单元提供所需要的路由信息；该路由控制单元根据路由信息进行路由计算，并对光域中的光缓存单元、光交换单元以及信息更新单元进行控制；该流量控制单元负责检测光域中缓存单元的状态并发送流量控制信息到相邻的片上光路由器，以及接收相邻的片上光路由器所发送的流量控制信息并控制路由控制单元。

　　如图 6.15 所示，OPS 光域模块中的五个分束器、五个光缓存单元、一个光交换单元和五个控制信息更新单元之间通过五组波导进行相连；每组波导用于传输光分组以及将光域中的各单元进行相连；每个分束器分离一部分的光分组能量，并发送到 OPS 电域的控制信息识别单元；每个光缓存单元对竞争端口失败的光分组进行缓存；光交换单元将光分组从输入端口传输到分组需要输出的端口；控制信息更新单元对光交换单元中交换结束后的光分组进行控制信息的更新。

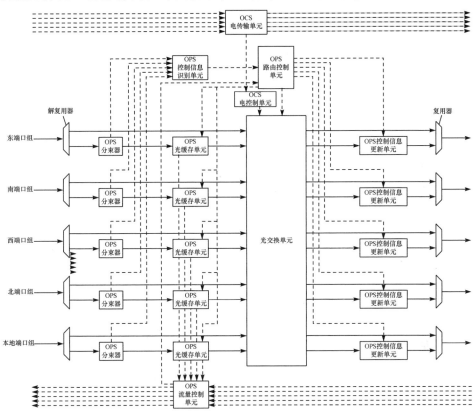

图 6.15　基于混合交换机制的片上光路由器结构

　　基于混合交换机制的片上光路由器中的光电路交换 OCS 部分，包括 OCS 电域模块与 OCS 光域模块；OCS 电域模块由电传输单元和电控制单元组成，OCS 光域模块由五根输入波导、一个光交换单元和五根输出波导组成；OCS 电域模块与 OCS 光域模块通过电域的电控制单元与光域的光交换单元之间的电互连实现连接，电域模块为光域模块在传输光消息之前根据电建链信息建立光链路。
　　OCS 电域模块中的电传输单元和电控制单元通过电互连方式相连；电传输单元传输电建链信息，电控制单元根据电传输单元中传输的电建链信息建立光链路。
OCS 光域模块中的波导，用于传输光消息以及将光域中的光交换单元进行相连；

该光交换单元负责光消息从输入端口传输到光消息要输出的端口。

由于现有架构广泛采用 Mesh 拓扑，基于混合交换机制的片上光路由器主要针对传统的 Mesh 拓扑设计，规模为 5×5。然而，其混合交换的思想同样适用于其他拓扑结构，只需要将片上光路由器的端口规模以及交换单元规模进行扩展即可。

如图 6.16 所示，基于混合交换机制的片上光路由器中的 OCS 光交换单元和 OPS 光交换单元均由 20 个 1×2 基本光开关单元和 10 根波导组成，两者共同组成光交换单元，以实现片上光路由器的交换功能。该 1×2 基本光开关单元实现光信息在光交换单元中传输方向的改变，10 根波导实现光信息的传输以及各个 1×2 基本光开关单元的相连。1×2 基本光开关单元，包括一个微环谐振器和两根波导，两根波导呈十字交叉，形成一个交叉点，微环谐振器位于波导交叉点。通过改变微环谐振器的谐振波长，可以改变 1×2 基本光开关单元的工作状态，以实现 1×2 基本光开关单元的开关功能。1×2 基本光开关单元处于"OFF"工作状态时，谐振波长为 λ_{OFF}；1×2 基本光开关单元处于"ON"工作状态时，OCS 光交换单元中的微环谐振器的谐振波长为 λ_1，OPS 光交换单元中的微环谐振器的谐振波长为 λ_2，其中，$\lambda_{OFF} \neq \lambda_1 \neq \lambda_2$。

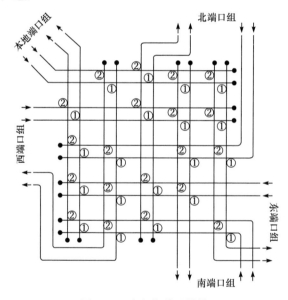

图 6.16　光交换单元结构

6.3.3　基于光电路交换与光分组交换的混合交换机制

本节所提出的片上光路由器支持光电路交换和光分组交换两种交换机制，交换机制的选取由源节点进行决策。

如果产生的流量需求是保证服务质量的，将采用光电路交换机制进行信息分组的传输。首先产生一个电建链控制分组，通过光电路交换控制单元控制在网络中进行路由传输，完成光数据链路的预约；当光数据链路成功建立，源节点接收到 ACK 回应分组之后，源节点将立刻发送光信息分组。这种预约建链的通信方式可以很好地保证服务质量。

与光电路交换机制不同，当网络中产生需要尽力服务的流量时，源节点采用光分组交换机制进行信息分组的传输。无需光数据链路的提前预约，信息分组产生之后就会被立刻调制成光信息分组，进而在网络中进行传输。与光电路交换机制相比，使用光分组交换机制进行尽力服务需求流量的传输，由于不存在链路预约的过程，网络中的链路资源可以得到更加有效的利用。由于网络中缓存资源的限制，只有当下一节点中缓存资源足够时，才会进行信息分组的传输。在使用所提出的片上光路由器的网络中，可采用 on/off 流控机制。

6.3.4　性能分析

对使用所提片上光路由器的片上光互连架构，本节使用 OPNET 网络仿真器进行性能仿真，架构规模为 8×8，拓扑选用 Mesh，片上电路由器的工作频率为 1GHz，片上光互连带宽为 12.5Gbps，电缓存深度为 64bit。

通过设定不同的保证服务质量需求的流量比例和不同的信息分组大小，在均匀流量模型下，对使用所提出的片上光路由器的架构进行性能仿真。通过对端到端时延和网络吞吐的比较，可以发现在不同的情况下，仿真曲线呈现相同的增长趋势。

图 6.17 中所示曲线为不同保证服务质量需求的流量比例下，架构的端到端时延曲线和吞吐曲线。其中，保证服务质量需求的信息分组大小为 2048bit，尽力服务需求的信息分组大小为 64bit。随着保证服务质量需求的流量比例的增长，架构的端到端时延增长，吞吐下降。这是因为随着使用光电路交换机制进行传输的信息分组数量的不断增长，架构中阻塞情况变得越来越严重，需要更多的时间用以传输保证服务质量需求的流量。

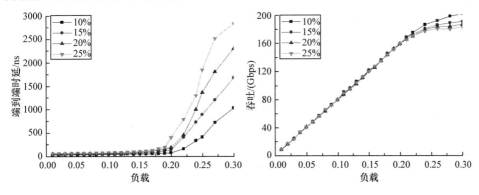

图 6.17　保证服务质量需求的不同流量比例下，架构的时延和吞吐性能

将所提片上光路由器的片上光互连架构与使用传统光电路交换机制的光电混合片上光互连架构[5](记为 T-ocs)以及使用传统电/光、光/电转换的光分组交换机制的片上光互连架构(记为 T-ops)进行了比较。在三种合成流量模型下(即均匀流量、比特翻转流量和矩阵转置流量),设定保证服务质量需求的流量比例为 10%,相应的信息分组大小为 2048bit,尽力服务需求的信息分组大小为 64bit,图 6.18、图 6.19 和图 6.20 的结果显示,使用所提出的片上光路由器的架构在任何情况下均拥有更好的端到端时延和吞吐性能。

以图 6.18 为例,当注入率增长到 0.2 时,使用混合交换机制的架构的端到端性能急剧变差,网络趋于饱和,而 T-ocs 和 T-ops 的饱和点分别在大约 0.09 和 0.14 的注入率。当注入率为 0.07 时,T-ocs 和 T-ops 的端到端时延分别为使用混合交换机制的架构的 5.42 倍和 20.15 倍。当注入率为 0.25 时,使用混合交换机制的架构的吞吐性能是 T-ocs 的 2.52 倍,是 T-ops 的 1.38 倍。因此,从结果可以看出,使用混合交换机制的架构的性能有显著提升。

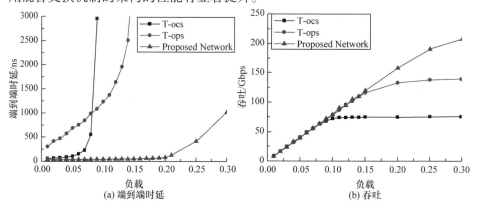

图 6.18　均匀流量模型下,架构的时延和吞吐性能

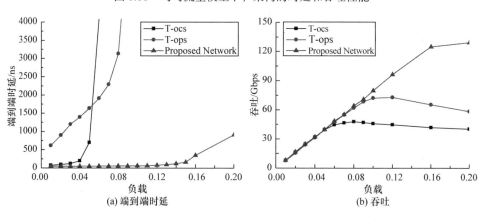

图 6.19　比特翻转流量模型下,架构的时延和吞吐性能

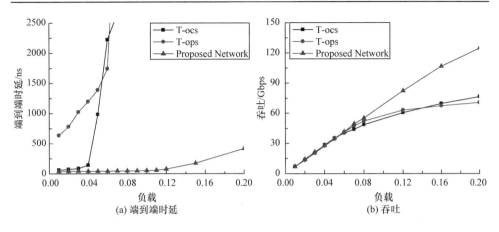

图 6.20　矩阵转置流量模型下，架构的时延和吞吐性能

6.3.5　优缺点分析

第一，单独使用 OCS 交换机制可以实现服务质量，但存在如下问题：片上光路由器在光链路未拆除时，其他通信节点不能使用被占用资源而导致的带宽利用率低的问题；对于长度较大的分组传输比较有效，但对于长度较小、生存期较短，特别是具有突发性的分组传输，频繁建立光链路会导致消息的通信时延较大。

第二，单独使用 OPS 交换机制可提供尽力服务，但存在如下问题：片上光路由器在传输吞吐要求高、生存期较长的数据时，由于无法持续传输光分组导致传输效率低的缺点；不能提供保证服务质量的传输。

第三，本节所提出的混合交换机制结合了 OCS 和 OPS 两种交换机制，传输不同类型的消息使用不同的交换机制。本节所提出的混合交换机制在使用 OCS 交换机制时，可以同时使用 OPS 交换机制，克服了上述第一点中的问题，使得所设计的片上光路由器具有带宽利用率高、成本低、对资源可以进行统计复用的优点。本节所提出的混合交换机制在使用 OPS 交换机制时，可以同时使用 OCS 交换机制，克服了上述第二点中的问题，因而，在传输吞吐要求高、生存期较长的分组时，具有传输效率高的优点。除此之外，所提出的基于混合交换机制的片上光路由器，克服了之前单独使用 OCS 交换机制的片上光路由器在传输短而通信频繁的分组时，由于要求频繁建立光链路而导致通信时延较大、资源利用率低的缺点，因而，在传输短而通信频繁的分组时，具有通信时延较小、资源利用率高的优点。所提出的片上光路由器在使用 OPS 交换机制时，可以同时使用 OCS 交换机制，克服了之前单独用 OPS 交换机制的片上光路由器不能保证服务质量的缺点，使得所设计的片上光路由器具有可以保证服务质量的优点。

参 考 文 献

[1] Tan W, Gu H, Yang Y, et al. Network condition-aware communication mechanism for circuit-switched optical networks-on-chips[J]. Journal of Optical Communications and Networking, 2016, 8(10): 813-821.

[2] Hestness J, Keckler S W. Netrace: Dependency-tracking traces for efficient network-on-chip experimentation [R]. The University of Texas at Austin, Dept. of Computer Science, Tech. Rep, 2011.

[3] Wang X, Gu H, Yang Y, et al. RPNoC: A ring-based packet-switched optical network-on-chip[J]. IEEE Photonics Technology Letters, 2014, 27(4): 423-426.

[4] Xu Q, Manipatruni S, Schmidt B, et al. 12.5 Gbit/s carrier-injection-based silicon micro-ring silicon modulators[J]. Optics Express, 2007, 15(2): 430-436.

[5] Shacham A, Bergman K, Carloni L P. On the design of a photonic network-on-chip[C]//First International Symposium on Networks-on-Chip, Princeton, 2007: 53-64.

第7章 热感知的设计方法

硅基光器件对温度变化高度敏感，这导致垂直腔面发射激光效率较低，微环谐振器的谐振波长发生偏移，进而导致较低的信噪比(SNR)。本章提出了一种片上光互连的热感知设计方法。通过从器件级到系统级建模，实现温度分布及热特性的分析，可以用来设计具有低梯度温度的片上光互连接口。基于所获得的温度分布图，分析模型可以评估热效应的影响，特别是对于 SNR 的影响。

7.1 需求分析

7.1.1 互连架构

图 7.1(a)所示为所考虑的系统架构，由两层组成：①放置处理器核(以 Tile 为单位)和存储器的电层，②用于实现环形结构的片上光互连的光层。处理器间的通信通过局部的电互连和全局的光互连实现，具体的通信层级主要由处理器数量、片上光互连的复杂性和带宽决定。光互连层的光接口(optical network interface, ONI)中集成了片上激光器(如 VCSEL)、波导、微环谐振器和光电探测器，负责发射光能量、调制要传输的数据为光信号、传输调制的光信号、在目的端接收光信号(图 7.1(c))。VCSEL 和光电探测器分别通过互连层之间的 TSV 连接至 CMOS 驱动电路和 CMOS 接收电路(图 7.1(c))。

光通信互连层中的结构采用 ORNoC[1]，是一个基于环形拓扑的网络，通过使用无源 MR，可以实现源节点和目的节点之间的点对点通信。如文献[2]所述，相比于 Matrix[3]、λ-Router[4] 和 Snake[5] 等相关的光交叉开关，ORNoC 具有较小的最坏情况插入损耗和平均插入损耗。例如，在 4×4 的架构规模下，按平均程度来说，ORNoC 分别在最坏情况和平均情况下减小了 42.5%和 38%，这对于减小整体架构所需的激光器功耗是一个重要优势。

7.1.2 光接口与热敏感性

光层中的 ONI 负责发送、传输和接收光信号，如图 7.1(c)所示。片上激光器(如 VCSEL)进行直接调制产生光信号，光信号注入波导后沿着波导进行传输；当光信号到达目的节点，通过无源 MR 从波导耦合至光电探测器。目的节点处 MR 的谐振波长与发送的光信号波长一致，以保证正确滤波。硅基光器件的谐振波长对温度很敏感，通常偏移敏感度为 0.1nm/℃，这会导致信号耦合到 MR 中的比率减小，由此降低 SNR，即在目的节点的光电探测器中具有较低的信号功率和较高的串扰噪声。

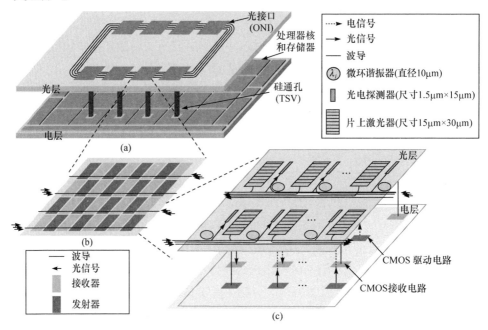

图 7.1　三维互连架构示意图：(a) 包含堆叠片上光互连的 MPSoC，(b) ONI 布局，(c) ONI 的实现及其操作示意图

　　器件级的校准过程[6]可以通过对准硅基光器件的谐振波长来提高 SNR，不过，需要一定的功耗开销，有研究表明：MR 的电压调谐和热调谐(彼此对应谐振波长的蓝移和红移)分别导致 130mW/nm 和 190mW/nm 的功耗[7]。对于大规模的片上光互连架构，用于校准过程的功耗占总架构功耗的 50%以上。校准过程中的算法执行和加热时延会带来性能开销，通常需配合使用 MR 聚类技术(clustering technique)，通过假设距离足够近的 MR 之间具有相同的局部温度，MR 聚类技术有助于降低算法复杂度。

　　MR 聚类技术的使用需要对 ONI 进行严格的设计，以确保在不同处理器活动下保持均匀的温度。片上激光器会消耗相对较高的功率，若要在 ONI(包含片上激光器)内保持较低的梯度温度，可以通过在每个 MR 上方放置本地加热器[8]来加热，以降低梯度温度。并且，在 ONI 中交替地放置片上激光器(即 VCSEL)和 MR，可以更好地布局片上激光器，有助于使用其产生的热量来降低 MR 所需的加热功率，同时使信号的串扰最小化。该假设对应于图 7.1(b)所示的棋盘式布局，交替地放置以顺时针和逆时针方向传播光信号的 4 根波导，在每根波导附近交替地放置 4 个接收器和 4 个发射器。

7.1.3　片上激光器

与片外激光器相比，片上激光器的技术虽然不太成熟，但是，CMOS 兼容的片上激光器有望提供以下三个关键优势：

(1) 通过放宽片上光互连架构的布局约束，可以更容易、更有效地进行集成。在使用片上激光器的情况下，不需从外部的激光源将光能量分配到调制器(例如使用 Corona 中的功率波导[9])，这有助于减少波导交叉的数量，甚至在基于环形拓扑的架构中可以完全避免。

(2) 使用完全分布式的片上激光源，相比于集中式的片外激光器，可以获得更高的可扩展性。

(3) 通过减少最坏情况下的通信距离来降低功耗。对于基于片上激光器的架构，通信距离即从源节点到目标节点的距离，而对于基于片外激光器的架构，该距离还包括从片外激光器到源节点的距离。更短的通信距离可以减少插入损耗，从而减少所需的最小激光器的输出功率。另外，当不需要通信时，可以关闭片上激光器来进一步减少功耗。

激光器 VCSEL[10,11]通过电流进行数据的直接调制并发送。虽然 CMOS 兼容的 VCSEL 的制造工艺成熟度不如微盘激光器(microdisk laser)[12]，但是，CMOS 兼容的 VCSEL 的 3dB 带宽较小(通常为 0.1nm)，在扩展性和光谱密度方面具有显著的优势。相比于片外激光器，片上激光器在物理位置上处于处理器上方，其不足主要表现在具有较低的效率和对于芯片活动变化的较高灵敏度。如图 7.2(a)所示，每个 VCSEL 位于 CMOS 驱动电路上方，该驱动电路将来自 IP 核的电数据(表示为二进制电压)转换为电流。电流经过 TSV 传输后对 VCSEL 进行直接调制。垂直发射的光信号通过光栅重定向到水平波导。注入片上光互连架构的光信号功率 (OP_{net})取决于：①调制电流 I_{laser} 的强度，②片上激光器的效率(η_{laser})和锥形耦合器的效率$(\eta_{coupling}$，假设为 70%)。VCSEL 的效率对温度非常敏感，可以从 40℃时的 15%下降为 60℃时的 4%，较低的效率会导致高的功耗(P_{laser})，这一功耗与 CMOS 驱动电路的功耗(P_{driver})和芯片源端的功耗(P_{chip})均是片上激光器的温度的影响因素。对于一定的调制电流，发射的光信号功率(OP_{laser})取决于激光器的温度，其受到 P_{chip}、P_{laser} 和 P_{driver} 的影响，如图 7.2(b)所示。

发射的光信号波长取决于片上激光器的温度。在理想情况下，激光器的波长与目的节点对应的 MR 的谐振波长相匹配。然而，MR 的温度会受到芯片在目的节点的区域/周围(P'_{chip})、MR 加热器(P_{heater})，以及在同一 ONI 中片上激光器所消耗的功率(P'_{laser})的影响(如图 7.2(a)所示)，导致 MR 的谐振波长随温度变化而漂移。

在目标节点的 MR 处所耦合的光信号功率(OP_drop)取决于光器件之间的波长对准情况，即梯度温度所导致的影响，如图 7.2(c)所示，因而，需要保持较低的平均温度和梯度温度，较低的梯度温度可以简化运行时期的校准过程，并且降低设计复杂性；较低的 ONI 平均温度，有助于保持片上激光器(例如，VCSEL)的功效。ONI 中的梯度温度和平均温度对于设计基于片上激光器的光互连至关重要。

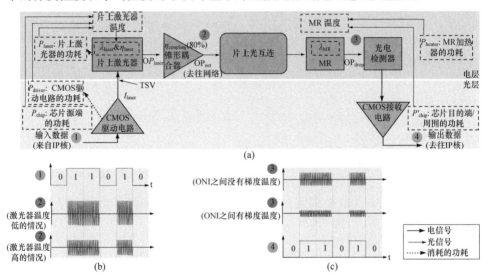

图 7.2　热效应的影响：(a) 在考虑热效应的情况下，片上光互连中的通信原理；片上激光器(例如，VCSEL)的效率与所发射的光信号波长取决于其温度，该温度受到 CMOS 驱动电路和芯片处理器活动的影响；MR 的谐振波长取决于 MR 的温度，其受到同一 ONI 中激光器、芯片活动和 MR 加热器的影响；(b) 源端的信号；(c) 目的端的信号

　　在调制电流相同的情况下，当处理器层的活动增加，更多的通信产生，光互连的带宽将会减小，SNR 会变得较低，数据将需要重新发射；或者光互连的功耗将增加，需要更高的调制电流来补偿降低的效率。太小的调制电流会导致较低的SNR，而太大的调制电流将导致耗电的解决方案，必须选择合适的调制电流以在性能与功耗之间取得平衡。

7.2　设计方法

7.2.1　方法详述

　　本节介绍片上光互连的热感知的设计方法，该方法中的温度评估和系统级分析可以用于评估片上光互连中的可靠性(如图 7.3 所示)，能够对器件级和系统级的设计空间进行探索与研究，器件级模型考虑了光器件(例如，激光器、MR、波导、光电探测器)的主要特征，系统级模型考虑了诸如互连尺寸、拓扑/布局，以及实现技术之类的结构方面因素。

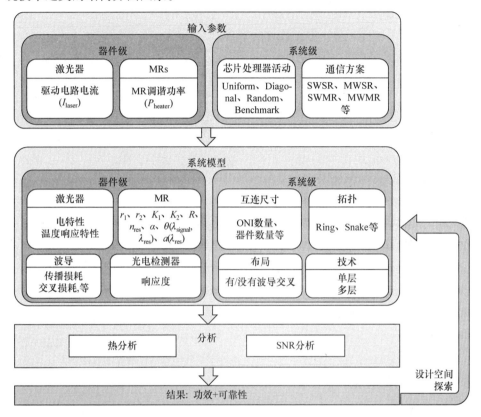

图 7.3　所提出的设计方法

关键的输入参数可以由用户指定，诸如：激光器驱动电路电流(I_{laser})、MR 调谐功率(P_{heater})、芯片处理器活动和通信方案。通过将信号波长与 MR 的谐振波长对准，I_{laser} 和 P_{heater} 可以对光链路进行调谐。通过不同的芯片处理器活动来模拟处理器层消耗的功耗，根据这些参数，模拟器可以生成光层的温度分布图。根据模拟获得的器件温度，通过使用分析模型可以评估 SNR，由此进行设计空间的探索。使用该设计方法可以探索与研究能效和可靠性之间折中的解决方案，从而根据通信的要求来相应地调整架构的互连。

7.2.2　热特性

所使用的架构模型基于系统的真实物理结构，以进行温度的评估。各个部件(即封装、晶片 die、热源和光器件)表示为矩形块，由它们的尺寸、位置和构成的材料所定义。在仿真中，通过为矩形块分配功耗值，可以对系统的热源进行建模。后段制程(back-end-of-line，BEOL)建模为薄层(10μm)，热源(即 IP 核、高速缓存、路由器等)表示为带有功耗值的矩形块，位于 BEOL 层。

IcTherm[①]是一种适用于电子器件的仿真器，可精确地模拟器件的复杂结构，提供芯片温度分布图[13]。IcTherm 使用有限体积法[14]求解控制芯片温度的物理方程，这是一种求解偏微分方程的数值方法，在商业模拟器 COMSOL[15]的基础上进行了验证，其最大误差小于 1%[13]。系统结构可以离散化为较小的、与材料和热源的分布相匹配的立方单元。图 7.4 说明了系统中一部分的离散化。由于 ONI 包含微米级别的单元(例如，TSV、VCSEL 和 CMOS 驱动电路)，使用尺寸为 5μm×5μm 的细粒度对包含 ONI 的芯片区域进行网格划分。对于系统的其余部分，使用较粗的分辨率，例如，热源的单位尺寸为 100μm×100μm，封装的单位尺寸为 500μm×500μm。

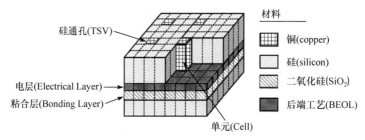

图 7.4　IcTherm 计算各单元之间的热传递并且输出每个单元的温度值

7.2.3　可靠性

在给定芯片活动的情况下，温度分布图能够给出激光器和 MR 的温度，从而可以获得每个 ONI 的梯度温度。ONI 内的梯度温度必须保持在 1℃以下，假设 MR 具有 1.55nm 的 3dB 带宽，那么 0.1nm 谐振波长的漂移对应于最多 6.5%的传输损耗。通过探索 MR 加热器功耗的设计空间，可以满足每个 ONI 内 1℃梯度温度的约束。

7.2.3.1　SNR 模型

在接收器处，单个通信信道的 SNR 计算如下：

$$SNR = 10 \cdot \lg \frac{P_{signal}}{P_{noise}} \tag{7.1}$$

其中，P_{signal} 是信号功率，P_{noise} 是在考虑热效应影响的情况下由其他信号引入的

---

① IcTherm website : http://www.ictherm.com/

串扰噪声功率。SNR 分析可以在给定的芯片活动下对片上光互连的可靠性进行评估，从而可以探索设计空间，特别是驱动电路的功耗。P_{driver} 与激光器的调制电流直接相关，会影响激光器的效率和光信号的功率。

7.2.3.2　信号的衰减与串扰

当信号沿着波导进行传输并经过进行滤波的 MR 时，一部分信号会耦合到 MR 中。根据传输比例 $\varphi_t(\lambda_{signal}, \lambda_{res})$ 和 $\varphi_d(\lambda_{signal}, \lambda_{res})$，耦合的光信号大小取决于信号波长和 MR 的谐振波长之间的对准情况。在图 7.5 中，考虑了两个通信 $C_{i \to j}$ 和 $C_{s \to d}$(分别为 $ONI_i \to ONI_j$ 和 $ONI_s \to ONI_d$)的情况，两个信号(波长为 $\lambda_{T,i \to j}$ 和 $\lambda_{T,s \to d}$) 和两个用于滤波的 MR(在 $\lambda_{R,i \to j}$ 和 $\lambda_{R,s \to d}$ 处谐振)用以说明信号的衰减和串扰，其中在设计时需要保证 $\lambda_{T,i \to j} = \lambda_{R,i \to j}$，$\lambda_{T,s \to d} = \lambda_{R,s \to d}$。集成的 MR 加热器用于降低 ONI 中的梯度温度。

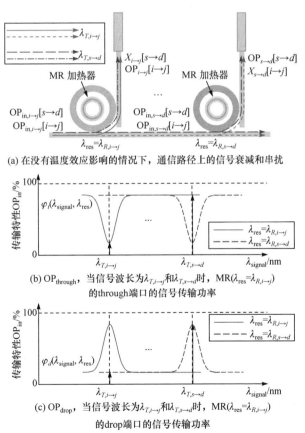

(a) 在没有温度效应影响的情况下，通信路径上的信号衰减和串扰

(b) $OP_{through}$，当信号波长为 $\lambda_{T,i \to j}$ 和 $\lambda_{T,s \to d}$ 时，MR($\lambda_{res} = \lambda_{R,i \to j}$) 的 through 端口的信号传输功率

(c) OP_{drop}，当信号波长为 $\lambda_{T,i \to j}$ 和 $\lambda_{T,s \to d}$ 时，MR($\lambda_{res} = \lambda_{R,i \to j}$) 的 drop 端口的信号传输功率

图 7.5　信号的衰减与串扰示例

图 7.5(a)中，在负责对通信 $C_{s→d}$ 的信号进行滤波的 MR($\lambda_{res}=\lambda_{R,s→d}$)处，预期信号(波长 $\lambda_{T,s→d}$，以虚线显示)在 MR 处耦合，功率为 $OP_{s→d}[s→d]$。另一信号(波长 $\lambda_{T,i→j}$，以实线显示)在波导上进行传输，在预期信号中引入串扰($X_{s→d}[i→j]$)。信号功率 $OP_{s→d}[s→d]$ 和串扰 $X_{s→d}[i→j]$ 的计算如下：

$$OP_{i→j}[i → j] = OP_{in,i→j}[i → j] × \varphi_d(\lambda_{T,i→j}, \lambda_{R,i→j}) \tag{7.2}$$

$$X_{i→j}[s → d] = OP_{in,i→j}[s → d] × \varphi_d(\lambda_{T,s→d}, \lambda_{R,i→j}) \tag{7.3}$$

图 7.5(a)中，在负责对通信 $C_{s→d}$ 的信号进行滤波的 MR($\lambda_{res}=\lambda_{R,s→d}$)处，预期信号(波长 $\lambda_{T,s→d}$)在 MR 处耦合，功率为 $OP_{s→d}[s→d]$。另一信号(波长 $\lambda_{T,i→j}$)在波导上进行传输，在预期信号中引入串扰($X_{s→d}[i→j]$)。信号功率 $OP_{s→d}[s→d]$ 和串扰 $X_{s→d}[i→j]$ 的计算如下：

$$OP_{s→d}[s → d] = OP_{in,s→d}[s → d] × \varphi_d(\lambda_{T,s→d}, \lambda_{R,s→d}) \tag{7.4}$$

$$X_{s→d}[i → j] = OP_{in,s→d}[i → j] × \varphi_d(\lambda_{T,i→j}, \lambda_{R,s→d}) \tag{7.5}$$

在图 7.5(a)中主要示意了两个通信，其中预期接收信号的串扰来自于其他的信号。在所考虑的架构中，通过考虑非预期波长的所有其他信号，对每个光电检测器处所接收的串扰进行估计。当芯片的温度发生变化时，片上激光器所发射的信号波长(例如 $\lambda_{T,i→j}$)与用于滤波的 MR(例如 $\lambda_{R,i→j}$)的谐振波长均会发生漂移。假设片上激光器和 MR 的温度漂移分别为 $\Delta T_{T,i→j}$ 和 $\Delta T_{R,i→j}$，β 是依赖于温度的谐振波长的漂移系数。在考虑温度漂移的影响下，波长 $\lambda_{T,i→j}(T)$ 和 $\lambda_{R,i→j}(T)$ 表示如下：

$$\lambda_{T,i→j}(T) = \lambda_{T,i→j} + \Delta T_{T,i→j} × \beta \tag{7.6}$$

$$\lambda_{R,i→j}(T) = \lambda_{R,i→j} + \Delta T_{R,i→j} × \beta \tag{7.7}$$

对于给定的信号，由于存在温度漂移，与没有考虑温度漂移的情况相比，预期接收信号的功率(P_{signal})会减小得更严重，同时有更多来自其他波长的串扰噪声(P_{noise})。

7.2.3.3　MR 的传输

图 7.6 所示为波长为 λ_{signal} 的光信号 OP_{in} 传输到谐振波长为 λ_{res} 的 MR 处的传输情况。信号的 3dB 带宽与 MR 的带宽假设分别为 0.1nm 和 1.55nm[16]，MR 的 through 端口和 drop 端口的信号功率(分别为 $OP_{through}$ 和 OP_{drop})取决于两个端口对应的传输比例(即 φ_t 和 φ_d)，这取决于 λ_{signal} 和 λ_{res} 之间的对准情况，如图 7.6(b)和图 7.6(c)所示。具体而言，实际的传输比例取决于器件的几何结构(即微环结构的半径 R)、自(交叉)耦合系数(即 r_1、r_2、k_1 和 k_2)、功率衰减系数 α 以及单程相位移位

$\theta(\lambda_{signal}, \lambda_{res})$。表 7.1 总结了相关参数，公式(7.8)和(7.9)给出了所使用的传输比例 φ_t 和 φ_d[17]。对于特定半径的 MR，其对应于特定的谐振波长，MR 与波导之间的间隙在设计阶段可以改变，自耦合系数(r_1 和 r_2)和交叉耦合系数(k_1 和 k_2)会相应地发生改变，从而会改变传输比例和 BW_{3dB}，此处假设对称耦合(即 $r_1=r_2$)以最大化在 drop 端口处谐振时的传输[18]。

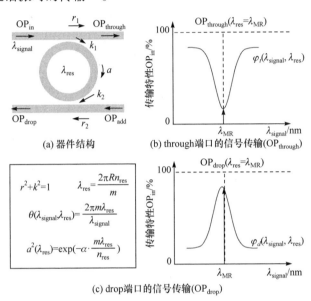

(a) 器件结构　　(b) through端口的信号传输(OP$_{through}$)

(c) drop端口的信号传输(OP$_{drop}$)

图 7.6　MR 模型

表 7.1　相关参数

参数名称	含义描述	单位
r_1, r_2	自耦合系数	—
k_1, k_2	交叉耦合系数	—
R	MR 半径	μm
n_{res}	MR 的有效折射系数(与加载电压、器件结构以及周围的温度相关)	—
m	MR 的谐振模式数目	—
λ_{res}	MR 的谐振波长	nm
λ_{signal}	真空中的信号波长	nm
α	功率衰减系数	dB/cm
$a(\lambda_{res})$	单程的振幅传输	—
$\theta(\lambda_{signal}, \lambda_{res})$	单程的相位偏移	—

续表

参数名称	含义描述	单位
BW_{3dB}	MR 的 3dB 带宽	nm
$dn_{res}/d\lambda$	折射系数的波长依赖性	nm^{-1}
β	与温度相关的谐振波长漂移系数	nm/℃

在图 7.6(b)和图 7.6(c)中，MR(λ_{MR} 处的谐振)的传输曲线可以说明此关系，在示例中信号波长 λ_{signal} 与 MR 谐振波长 λ_{MR} 相等。在理想设计中，波长满足条件 $\lambda_{signal}=\lambda_{res}$ 的输入信号(OP_{in})会完全传输到 drop 端口。在实际情况中，当 $\lambda_{signal}=\lambda_{res}$ 时(图 7.6(c)所示)，在 drop 端口可以得到最大化的传输，其中一部分信号传输到波导的 through 端口(图 7.6(b))。当 $\lambda_{signal} \neq \lambda_{res}$ 时(两者之间的距离大于 1.55nm)，大部分的输入信号沿着波导传输直至 through 端口，只有一小部分的信号耦合至 drop 端口。为了片上光互连正确地运行(尤其是对于波长路由)，需要对波长的对准与否进行考虑与设计，在波长未对准的情况下与 ONI 之间的温度差相关。假设在通信过程中激光器和 MR 具有相同的温度，波长满足 $\lambda_{signal}=\lambda_{res}$，在 7.7℃ 的温差(对应于 0.77nm 的波长偏差)下，最多 50% 的信号将(错误地)从波导中耦合，这将导致串扰的产生和信号的衰减，通过使用分析模型可以进行评估。

$$\varphi_t(\lambda_{signal}, \lambda_{res}) = \frac{a^2(\lambda_{res})r_2^2 - 2a(\lambda_{res})r_1 r_2 \cos[\theta(\lambda_{signal}, \lambda_{res})] + r_1^2}{1 - 2a(\lambda_{res})r_1 r_2 \cos[\theta(\lambda_{signal}, \lambda_{res})] + [a(\lambda_{res})r_1 r_2]^2} \tag{7.8}$$

$$\varphi_d(\lambda_{signal}, \lambda_{res}) = \frac{a(\lambda_{res})(1-r_1^2)(1-r_2^2)}{1 - 2a(\lambda_{res})r_1 r_2 \cos[\theta(\lambda_{signal}, \lambda_{res})] + [a(\lambda_{res})r_1 r_2]^2} \tag{7.9}$$

在给定 through 端口和 drop 端口的传输比例的情况下，各端口相应的光功率(即 $OP_{through}$ 和 OP_{drop})，可如下式所示进行计算：

$$OP_{through} = OP_{in} \times \varphi_t(\lambda_{signal}, \lambda_{res}) \tag{7.10}$$

$$OP_{drop} = OP_{in} \times \varphi_d(\lambda_{signal}, \lambda_{res}) \tag{7.11}$$

根据 MR 的谐振条件，当谐振模式和半径固定时，MR 的谐振波长(λ_{res})与有效折射率(n_{res})成正比例关系。MR 的有效折射率对温度敏感，由于热光效应的存在，MR 的谐振波长[16]会随温度变化，谐振波长的漂移($\Delta\lambda_{res}$)与温度漂移 ΔT 成线性关系，如下式所示[16]：

$$\Delta\lambda_{res} = \Delta T \times \beta \tag{7.12}$$

7.3 研究案例

7.3.1 架构

在本节中，首先详述所考虑的架构(即封装、电层、光层和片上激光器)，然后基于该结构进行 SNR 分析。

仿真中使用的目标系统基于英特尔的 SCC(single-chip cloud computer)[19](图 7.7)芯片，SCC 中核心数量众多，是片上硅光通信中电层的一个合适的选择。该芯片包括 24 个 Tile 和 48 个核心的 IA-32 处理器(45nm 制程)，在核心工作频率为 1GHz 的情况下，其最大功耗为 125W。

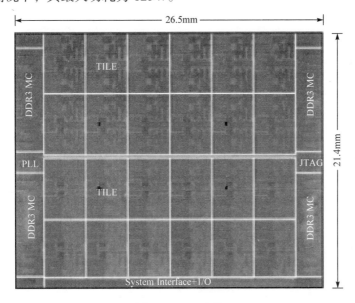

图 7.7 SCC 芯片

图 7.8 所示为目标系统的总体，仿真中使用与 Intel[19]相同的封装进行建模。其中包括以下组件：钢背板(steel back-plate)、主板(motherboard)、插口(socket)、集成硅光互连和片上激光器的 SCC 芯片(SCC chip with silicon-photonic links and on-chip laser sources)、铜盖(copper lid)和散热器(heat sink)。

在光互连层采用 ORNoC[1]结构中，同一根波导上可以使用相同的波长同时实现多个通信，多根波导可用于互连 IP 核，顺时针(C)和逆时针(CC)方向均可用于信号传输，不同的方向在不同的波导上实现。每个 IP 核通过环形波导与另一个 IP 核进行通信，并执行以下操作。

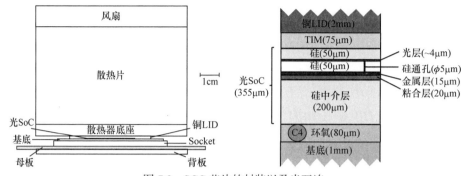

图 7.8　SCC 芯片的封装以及光互连

(1) 输入：IP 核通过其输出端口将数据调制于光信号，并注入波导中。不同的信号波长对应于不同的 IP 核目的地。

(2) 经过：输入的光信号沿着波导继续传输，即在波导附近没有具有相同谐振波长的 MR。

(3) 输出：光信号从波导输出，并传输到目标 IP 核。该过程由波导附近与光信号具有相同谐振波长的 MR 来实现。

ORNoC 使用蛇形总线布局。每个 ONI 中有 4 根波导，其中，两根波导用于顺时针方向，另外两根波导用于逆时针方向，每根波导放置 4 个激光器，如图 7.9 的插图所示。CMOS 驱动电路和接收器位于 SCC Tile 的电路由器的空白区域。在

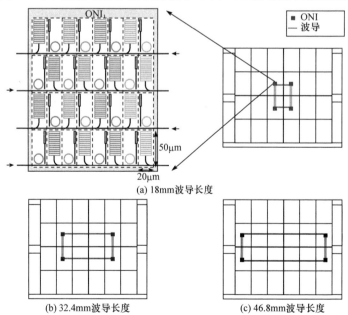

图 7.9　ONI 的不同位置对应不同的波导长度：(a) 18mm，(b) 32.4mm，(c) 46.8mm

仿真中，可以就 ONI 的不同位置对 SNR 的影响进行评估，如图 7.9 所示，对基于 SCC 的 3 种情况进行了考虑：18mm、32.4mm 和 46.8mm 的波导长度。仿真中每个 ONI 内的梯度温度保持低于 1℃，P_{VCSEL} 和 P_{heater} 分别设置为 3.6mW 和 1.08mW。根据 ONI 的平均温度和片上激光器的特性，可以评估 OP_{VCSEL}。

7.3.2　SNR 分析

图 7.10 所示为一根波导与 4 个 ONI 的互连情况，波导负责传输由 ONI 输入和输出的光信号。光层的结构采用 ORNoC[1]，信号的通信不需要仲裁，使用无源 MR 进行，也就是说，MR 的谐振波长在设计阶段进行限定，但是会随着温度的变化而变化。源端 ONI_S 和目的端 ONI_D 之间的通信 $C_{s \to d}$ 表明光信号：①由基于 VCSEL 的发射器生成并且调制($T_{s \to d}$)；②由 MR 耦合至光电探测器($R_{s \to d}$)。通信 $C_{s \to d}$ 的可靠性会受到传输路径上的信号衰减以及由其他通信 $C_{i \to j}$ 所引入的串扰的影响，其中 $i \neq s$ 且 $j \neq d$。

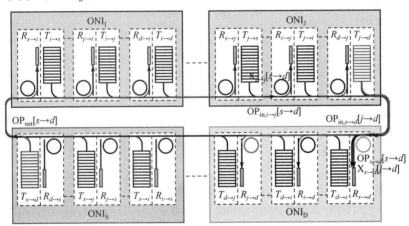

$T_{s \to d}$:transmitter for $ONI_S \to ONI_D$ communication ($C_{s \to d}$)
$R_{s \to d}$:receiver for $ONI_S \to ONI_D$ communication ($C_{s \to d}$)

图 7.10　信号在波导中的传输，信号的可靠性取决于信号的衰减和串扰

接收器 $R_{s \to d}$ 处通信 $C_{s \to d}$ 的 SNR 表示如下(其中 $i \neq j$ 和 $i \to j \neq s \to d$)：

$$SNR = 10 \lg \frac{P_{signal}}{P_{noise}} = 10 \cdot \lg \frac{OP_{s \to d}[s \to d]}{\sum_{i=1}^{N} \sum_{j=1}^{N} X_{s \to d}[i \to j]} \tag{7.13}$$

其中，$OP_{s \to d}[s \to d]$ 是 $R_{s \to d}$(在 ONI_D 中)所接收的通信 $C_{s \to d}$ 的信号功率，而 $X_{s \to d}[i \to j]$ 是 $R_{s \to d}$ 所接收的其他通信 $C_{i \to j}$ 所带来的串扰功率。

通信 $C_{s \to d}$ 的信号损耗取决于波导长度以及在路径上所经过的 ONI(例如，

图 7.10 中的 ONI_I 和 ONI_J)中的 MR(在 $R_{i \to j}$ 中)。在通信 $C_{s \to d}$ 的信号波长 $\lambda_{T,s \to d}$ 与 MR 的谐振波长 $\lambda_{R,i \to j}$(在 $R_{i \to j}$ 中)之间距离足够大的情况下，损耗会很小。由于不同 ONI 之间的温度差会导致波长的不对准，最理想的情况是中间 ONI 的温度与源端 ONI_S 的温度严格保持相等。在实际情况下，部分信号将从波导耦合至其他非目的端的 ONI，这会导致在路径中间和目的端的光电探测器处分别产生额外的串扰和较低的信号功率，如图 7.10 中所示的 $X_{i \to j}[s \to d]$ 和 $OP_{s \to d}[s \to d]$。相关计算如下所示：

$$X_{i \to j}[s \to d] = OP_{\text{in},i \to j}[s \to d] \times \varphi_d[\lambda_{T,s \to d}(T), \lambda_{R,i \to j}(T)] \qquad (7.14)$$

$$OP_{\text{in},i \to j}[s \to d] = OP_{\text{net}}[s \to d](T) \times OP_{\text{in},i \to j}[s \to d]$$

$$= OP_{\text{net}}[s \to d](T) \times \prod_{k=s}^{\substack{j-1,\text{if } j>s \\ j+N-1,\text{if } j>s}} L_{k \bmod N} \qquad (7.15)$$

$$\times \prod_{m=s+1}^{\substack{j,\text{if } j>s \\ j+N,\text{if } j<s}} \prod_{k=1}^{\substack{i-1,k \neq m \bmod N,\text{if } m=j \\ N,k \neq m \bmod N,\text{if } m=j}} \varphi_t[\lambda_{T,s \to d}(T), \lambda_{R,k \to m \bmod N}(T)]$$

$$OP_{\text{net}}[s \to d](T) = \text{slop}_{\text{W/A}}(T) \times [I_{\text{VCSEL}} - I_{\text{th}}(T)] \qquad (7.16)$$

$$L_k = L_{\text{propagation}}^{l_k} \qquad (7.17)$$

其中，$X_{i \to j}[s \to d]$ 是由 $R_{i \to j}$ 耦合的信号功率，$OP_{\text{in},i \to j}[s \to d]$ 是在 $R_{i \to j}$ 处的信号功率，$\varphi_d[\lambda_{T,s \to d}(T), \lambda_{R,i \to j}(T)]$ 是 $R_{i \to j}$ 处耦合信号的比率，$\varphi_t[\lambda_{T,s \to d}(T), \lambda_{R,k \to m \bmod N}(T)]$ 是经过 $R_{i \to j}$ 的信号比率(在 $R_{i \to j}$ 中，$\varphi_t[\lambda_{T,s \to d}(T), \lambda_{R,k \to 0}(T)] = \varphi_t[\lambda_{T,s \to d}(T), \lambda_{R,k \to N}(T)]$)。$OP_{\text{net}}[s \to d](T)$ 是片上激光器 ($T_{s \to d}$) 注入的信号功率，由于激光器的发射效率会受到温度的影响，该功率的大小与温度相关。在 $OP_{\text{net}}[s \to d](T)$ 的公式中，$\text{slop}_{\text{W/A}}(T)$ 是与驱动电路电流 I_{VCSEL} 相关的激光器输出功率特性，$I_{\text{th}}(T)$ 是激光器的门限电流，均随着激光器的温度 T 的变化而变化。N 是光互连架构中 ONI 的数量，L_k 是信号在通信路径上的传播损耗(例如，$C_{1 \to 2}$ 的 L_1，$C_{2 \to 3}$ 的 L_2，以%为单位)，l_k 是波导的相应长度，$L_{\text{propagation}}$ 是单位长度的传播损耗(以%/cm 为单位)。

7.3.3　片上激光器的温度特性

对于片上激光器，所使用的 VCSEL 的尺寸为 15μm×30μm[10,11]。该光器件依赖于镜面将垂直产生的光信号定向至水平波导，这可以使激光器的厚度减小至 4μm 以下，直接调制带宽为 12GHz，3dB 带宽约为 0.1nm。

图 7.11(a)所示为文献[10]中激光器的 3D 视图，它由 3 层 III-V 材料(分别为 0.6μm、0.45μm 和 0.4μm 的厚度)组成。激光器的发光效应在结构中央的有源层(图

中 InGaAsP 层)中产生，功耗会扩散至相邻层中(图中 InP 层)。有源层周围为构成镜面的 Si/SiO₂ 线条结构，以允许光信号通过锥形耦合器传播到水平波导，耦合效率假设为 70%。两个接触点可以使来自 CMOS 层的驱动电流通过直径 5μm 的 TSV。图 7.11(b)给出了激光器的效率与温度和 I_{VCSEL} 的关系，图 7.11(c)给出了激光器功耗 P_{VCSEL} 和温度对于激光器发射的光功率 OP_{VCSEL} 的影响。

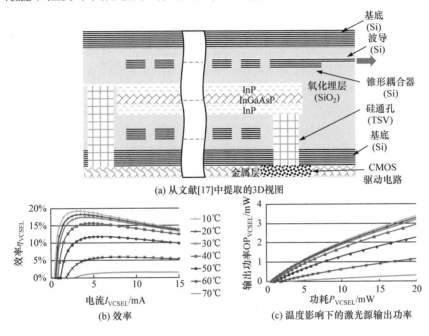

(a) 从文献[17]中提取的3D视图

(b) 效率

(c) 温度影响下的激光源输出功率

图 7.11 VCSEL

7.4 性 能 分 析

7.4.1 器件级的温度分析

首先评估 P_{chip} 和 P_{VCSEL} 对 ONI 的平均温度和梯度温度的影响，以图 7.9 所示的 ONI₁ 为例。平均温度定义为 ONI 中所有光器件(即 VCSEL 和 MR)的平均温度，梯度温度定义为 ONI 中光器件的最高和最低温度之间的差值。在 12.5W、18.75W、25W 和 31.25W 的均匀芯片活动下运行仿真，P_{VCSEL} 在 0~6mW 范围内变化，假设 $P_{VCSEL}=P_{driver}$，最坏情况为 VCSEL 所有的能量均作为热量耗散。图 7.12(a)所示为平均温度的结果，整体芯片的活动增加 6W，平均温度大致会增高 3.3℃，P_{VCSEL} 增加 6mW，平均温度会增高 11℃。这说明稍微过大的电流将导致明显的功耗开销，有必要根据需求来校准激光器调制电流。

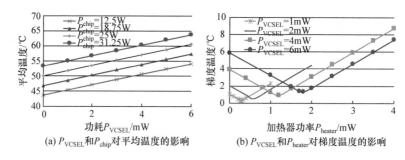

(a) P_{VCSEL} 和 P_{chip} 对平均温度的影响　　　(b) P_{VCSEL} 和 P_{heater} 对梯度温度的影响

图 7.12　功耗对温度的影响

P_{VCSEL} 对激光器和 MR 之间的梯度温度也有影响,大致为 1.7℃/mW。这种梯度温度不能够使用聚类技术进行运行时期的校准,可以考虑通过调整 MR 加热器的功率(P_{heater}),以在设计阶段减小该梯度温度。如图 7.12(b)所示,在 $P_{heater}=0.3×P_{VCSEL}$ 的情况下,可以获得最小的梯度温度。图 7.13 中比较了使用和未使用 MR 加热器的温度结果,对于 $P_{VCSEL}=1$mW 的情况,使用和未使用加热器的方法分别产生 0.3℃ 和 1℃ 的梯度温度。对于较高的 P_{VCSEL},梯度温度有显著的提升,在 6mW 的情况下,梯度温度从 5.8℃ 下降至 1.3℃(即幅度为−4.5℃),与激光器平均温度 0.8℃ 的升高相比,梯度温度的下降较为显著。

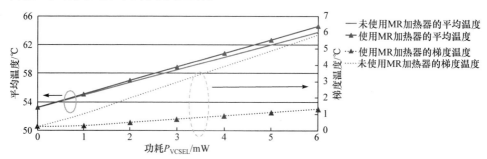

图 7.13　使用和未使用 MR 加热器的平均温度和梯度温度

7.4.2　系统级的可靠性分析

本小节评估了图 7.9 中布局下的 SNR。表 7.2 总结了相关技术参数,图 7.14 给出了最坏情况下的 SNR 结果。对于均匀的芯片活动,在波导长度为 46.8mm 的情况下,SCC 芯片的非对称结构会导致 ONI 之间的 3℃ 差异,串扰相对较小;SNR 的结果更多取决于信号功率,该功率的大小依赖于传输过程中的损耗。因而,当传输长度较小时,SNR 的结果较优,例如,SNR 从 18mm 长度的 21dB 降低至 46.8mm 的 8dB。对于对角线的芯片活动,芯片的右上部分和左下部分的每个 Tile 消耗 2.6W,而左上部分和右下部分的每个 Tile 消耗 5.2W,这导致 ONI 的不均匀

温度,例如,在情况 1 下,温度在 54.62~55.92℃分布,在情况 2 下,温度在 54.33~
56.92℃分布,在情况 3 下,温度在 56.16~60.85℃分布。与均匀的芯片活动相比,
右上部分和左下部分具有较低的功率,因而,对角线的芯片活动呈现出较低的平
均温度,这种情况下会有较高的激光器效率,从而会有更高的 OP$_{VCSEL}$。当 ONI
之间的温度梯度更高时,会发生额外的串扰,与均匀的芯片活动相比,这种情况
会有更低的 SNR。相比之下,随机的芯片活动下的 SNR 结果介于前两者芯片活
动之间。

表 7.2　技术参数取值

参数	数值
BW$_{3dB}$	1.55nm
α	2dB/cm
n_{MR}	~2.55
M	17
$dn_{res}/d\lambda$	−0.000016nm^{-1}
β	0.1nm/℃
$L_{propagation}$	0.5 dB/cm[20]
Wavelength range	C-band
Photodetector sensitivity	−20dBm (0.01mW)

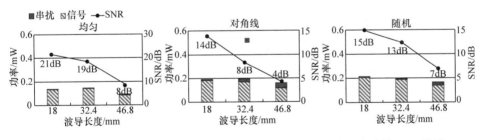

图 7.14　在均匀、对角线、随机的芯片活动下的信号和串扰功率及其 SNR 结果

　　该分析结果验证了对设计空间的进一步探索可以优化片上光互连架构。例如,
如果给定的 SNR 是可接受的,则可以通过减少 P_{VCSEL} 和 P_{heater} 来降低能耗。在激
光器效率比较理想的情况(图 7.15(b)中情况)下,其信号功率是保守情况(图 7.15(a)
中情况)下的两倍。在不同芯片活动下的 SNR 结果如图 7.16 所示。在理想场景
下,相比于图 7.14 所示,在相同的 P_{VCSEL} 和温度下,激光器的输出功率 OP$_{VCSEL}$
较高。不过,由于具有更高的 OP$_{VCSEL}$,因而引入的串扰更多。例如,在随机芯
片活动下、波导长度为 18mm 情况下,相比于图 7.14 中的 0.205mW 和 0.007mW,

图 7.16 中的信号和串扰功率数值分别为 0.515mW 和 0.017mW。由于信号和串扰的功率同时增加，两者的信噪比 SNR 结果保持几乎不变。因此，对于给定的 SNR，可以通过减少激光源的功耗来降低整体的功耗。

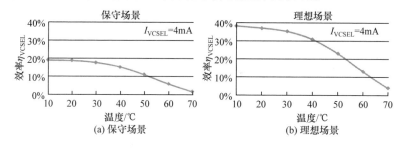

图 7.15　激光器效率的情况

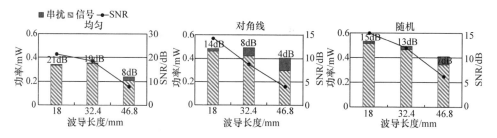

图 7.16　在激光器效率的理想场景下，均匀、对角线和随机的芯片活动下的信号和串扰功率及其 SNR 结果

7.5　本 章 小 结

本章节提出了一种热感知的设计方法，适用于基于 CMOS 兼容的片上激光器的片上光互连架构。通过探索设计参数，例如激光器的调制电流和加热器的功耗，可以降低片上光互连 ONI 内的梯度温度；通过使用加热器并消耗片上激光器 30% 的功耗，可以为所考虑的架构提供更佳的解决方案。

参 考 文 献

[1] Le Beux S, Trajkovic J, O' Connor I, et al. Layout guidelines for 3D architectures including optical ring network-on-chip (ORNoC)[C]//2011 IEEE/IFIP 19th International Conference on VLSI and System-on-Chip, Kowloon, 2011: 242-247.

[2] Le Beux S, Li H, Nicolescu G , et al. Optical crossbars on chip, a comparative study based on worst-case losses[J]. Concurrency and Computation Practice and Experience, 2014, 26(15): 2492-2503.

[3] Bianco A, Cuda D, Garrich M, et al. Optical interconnection networks based on microring

resonators[J]. IEEE/OSA Journal of Optical Communications and Networking, 2012, 4(7): 546-556.

[4] O'Connor I, Mieyeville F, Gaffiot F, et al. Reduction methods for adapting optical network on chip topologies to specific routing applications[C]//Proceedings of DCIS, Barcelona, 2008.

[5] Ramini L, Grani P, Bartolini S, et al. Contrasting wavelength-routed optical NoC topologies for power-efficient 3D-stacked multicore processors using physical-layer analysis[C]//Proceedings of the Conference on Design, Automation and Test in Europe, Grenoble, 2013: 1589-1594.

[6] Li Z, Mohamed M, Chen X, et al. Reliability modeling and management of nanophotonic on-chip networks[J]. IEEE Transactions on Very Large Scale Integration (VLSI) Systems, 2010, 20(1): 98-111.

[7] Ahn J, Fiorentino M, Beausoleil R G, et al. Devices and architectures for photonic chip-scale integration[J]. Applied Physics A, 2009, 95(4): 989-997.

[8] Van Thourhout D, Spuesens T, Selvaraja S K, et al. Nanophotonic devices for optical interconnect[J]. IEEE Journal of Selected Topics in Quantum Electronics, 2010, 16(5): 1363-1375.

[9] Vantrease D, Schreiber R, Monchiero M, et al. Corona: System implications of emerging nanophotonic technology[C]//International Symposium on Computer Architecture (ACM), Beijing, 2008, 36(3): 153-164.

[10] Timurdogan E, Sorace-Agaskar C M, Sun J, et al. An ultralow power athermal silicon modulator[J]. Nature Communications, 2014, 5: 4008.

[11] Amann M C, Hofmann W. InP-based long-wavelength VCSELs and VCSEL arrays[J]. IEEE Journal of Selected Topics in Quantum Electronics, 2009, 15(3): 861-868.

[12] Van Campenhout J, Rojo-Romeo P, Regreny P, et al. Electrically pumped InP-based microdisk lasers integrated with a nanophotonic silicon-on-insulator waveguide circuit[J]. Optics Express, 2007, 15(11): 6744-6749.

[13] Fourmigue A, Beltrame G, Nicolescu G. Efficient transient thermal simulation of 3D ICs with liquid-cooling and through silicon vias[C]//2014 Design, Automation & Test in Europe Conference & Exhibition (DATE), Dresden, 2014: 1-6.

[14] Chapra S C, Canale R P. Numerical Methods for Engineers 6th edition [M]. New York: McGraw-Hill, Inc., 2009.

[15] COMSOL. Multiphysics simulation just got better, faster, more accessible[EB/OL]. http://www.comsol.com[2019-07-01].

[16] Ye Y, Xu J, Wu X, et al. System-level modeling and analysis of thermal effects in optical networks-on-chip[J]. IEEE Transactions on Very Large Scale Integration (VLSI) Systems, 2012, 21(2): 292-305.

[17] Bogaerts W, De Heyn P, Van Vaerenbergh T, et al. Silicon microring resonators[J]. Laser & Photonics Reviews, 2012, 6(1): 47-73.

[18] Su Z, Timurdogan E, Sun J, et al. An on-chip partial drop wavelength selective broadcast network[C]//Conference on Lasers and Electro-Optics (CLEO): Science and Innovations, Optical Society of America, San Jose, 2014: SF2O. 4.

[19] Howard J, Dighe S, Vangal S R, et al. A 48-core IA-32 processor in 45 nm CMOS using on-die message-passing and DVFS for performance and power scaling[J]. IEEE Journal of Solid-State Circuits, 2010, 46(1): 173-183.

[20] Biberman A, Preston K, Hendry G, et al. Photonic network-on-chip architectures using multilayer deposited silicon materials for high-performance chip multiprocessors[J]. ACM Journal on Emerging Technologies in Computing Systems (JETC), 2011, 7(2): 7.

第8章 结 束 语

硅基光电集成技术的迅速发展和 CMOS 兼容光器件的不断成熟，极大地推动了片上光互连技术的发展，有望应用在未来的众核处理器中。片上激光器的发展使得片上光互连技术摆脱了对片外激光源的依赖；调制器在更低的能耗开销下调制速度进一步提升，光电检测器在更低的误码率下检测时间进一步降低；新材料、新结构的使用改进了波导在传输光信号时的损耗。片上光互连技术受到越来越多的关注，美国国防高级研究计划局和欧洲微电子研究中心等研究机构、麻省理工学院和斯坦福大学等世界一流高校以及 Intel、IBM、镁光和华为等世界一流公司都致力于硅基光电子器件和片上光互连技术的研究。

本书从基本的片上光器件到互连架构设计，从交换机制到路由算法，内容涵盖了片上光互连的主要研究方向。在片上光路由器方面，对常见的光交换单元、片上光路由器种类及设计方法等进行总结，并对比分析了几类新型的片上光路由器，包括严格无阻塞型、面向特定路由算法优化型、多波长以及基于等离子体的片上光路由器。在片上光互连拓扑结构方面，首先对经典拓扑进行了总结与分析，举例说明低时延高能效的片上光互连架构、无源全光片上光互连架构、面向千核系统的片上光互连架构，同时研究了对应的通信机制。在交换机制方面，对新型的光电路交换机制、光分组交换机制以及混合交换机制进行了分析。在可靠性方面，举例说明了热感知的设计方法。本书面向片上光互连网络的关键技术，提供了研究思路与研究方案的参考。

大规模片上光互连网络由于 IP 核数目大幅增加，对时延、带宽、功耗等参数敏感，需要更优拓扑结构来保证通信质量和性能。三维拓扑结构可以缩短网络直径和平均距离，进而降低功耗提高性能。除了要考虑平均距离、网络直径和对分带宽等参数，设计三维拓扑结构还需要考虑如何进行层间互连，如何解决阻塞、布局、可靠性以及多播通信等问题。

结构布局是指通过合理布局 IP 核和路由器并为它们设计高效的互连结构。现有的研究主要以 2D 结构布局为主，缺少对 3D 结构布局的研究。需要研究如何对光层和电层进行合理的分层处理，根据光网络和电网络的各自特点，设计不同的层内互连结构；如何针对现有的垂直互连技术，实现层间的高效互连结构。如何通过波导将激光源产生的光信号传送到各个节点，并以降低总的光功率为优化目标。由于损耗的存在和不同节点对的通信路径不同，各个节点所需要的最低光功率是不同的。激光源引入布局问题就是在路由算法和损耗分析的基础上，以获得的各个调制器需要的最小输入光功率作为约束条件，同时考虑光源到达各个调制器所经历的损耗，将光源所提供的光功率最小作为优化目标进行求解。当前此方面的研究较少，需要研究如何布局波导和微环谐振器使得总的光功率最小，研究如何设计相应的通信机制来简化该问题。

通过采用三维光电混合片上互连网络可以有效提高系统容量，但存在如何高效进行层间互连以及在面积和成本的限制下如何布局以获得最佳网络性能等问题。采用波分复用、空分复用、时分复用和模分复用等一系列复用技术可以极大提高网络交换容量，而单一使用复用技术存在波导交叉过多、波长数目有限、可扩展性受限和通信模式单一等问题。如何综合使用多种复用技术以提高网络资源的利用率成为研究的关键问题。采用高阶路由器可以有效提高网络中单节点容量。针对三维混合光电片上互连网络，如何在面积成本限制的条件下结合多维复用技术构建支持多播的可重配置高阶路由器是需要研究的问题之一。

片上 IP 核数目的增加使得片上通信关系变得更加复杂，通信模式由原先的点对点单播通信模式向单播、多播混合的通信模式方向发展。为了实现多播通信，需要多播路由器的支持。多播路由器的结构设计和工作过程对整个网络的时延、吞吐、功耗、损耗、串扰、可靠性、服务质量、芯片面积和成本等方面都有很重要的影响。利用现有单播路由器并结合光片上网络的拓扑结构、信道复用技术以及多播通信的特点，设计满足通信需求的多播路由器结构，实现一入多出的功能；当网络中存在多播流量时，网络更容易发生阻塞，需要所设计的多播路由器能够实现内部无阻塞通信，研究如何以较小的代价实现无阻塞的通信以及高效端口调度方法；研究多播路由器中引入功耗和损耗的原因，寻求降低功耗和损耗的有效方法；研究网络中信号传输过程中产生串扰的原因，以便从路由器的设计、波导的布局等方面减小串扰对信号完整性的影响。

阻塞问题的根本原因在于片上网络资源有限，随着网络规模的扩大，阻塞问题将更加严重，从而导致网络性能进一步下降。阻塞分为路由器内部阻塞和网络级阻塞。解决网络级阻塞需要对网络流量进行分析，研究如何避免分组之间的不必要竞争；需要研究如何采用多种复用技术相结合的方式来降低阻塞，提高资源的利用率；如何在利用高效复技术降低阻塞的同时，有效限制这些复用技术在功耗、面积开销和制造成本上的额外开销；如何设计 3D 拓扑结构来提高通信路径的多样性，从而降低阻塞。路由器内部阻塞是指来自不同的输入端口并且去往不同的输出端口数据在路由器内部发生路径竞争。目前一般采用路径分离的方式来实现路由器内部的严格无阻塞，以减少微环谐振器数和波导数为优化目标，但是缺少对串扰和热漂移等问题的考虑。因此需要研究如何尽量减少波导和微环谐振器数,同时有效降低串扰和热漂移。

总之,随着云服务、大数据、高性能计算等应用的蓬勃发展,芯片级的传输容量需求将与日俱增,对片上互连网络的性能要求将更加严苛。片上光互连技术由于自身光传输的特点,具有独特的优势,未来将在高性能、低功耗、低成本、高集成度等方面进一步发展,片上光互连技术的相关研究存在着机遇,也充满着挑战。